Cabinet.

COURS DE MATHEMATIQUE

CONTENANT

DIVERS TRAITEZ

COMPOSEZ ET ENSEIGNEZ

A MONSEIGNEUR

LE DAUPHIN.

PAR F. BLONDEL PROFESSEUR ROYAL en Mathematique & en Architecture, de l'Academie Royale des Sciences, Maréchal de Camp aux Armées du Roy, & cy-devant Maître de Mathematique de Monseigneur le Dauphin.

A PARIS,

Chez { L'AUTHEUR au Faux-bourg S. Germain ruë Jacob, au coin de celle de S. Benoist.
Et NICOLAS LANGLOIS ruë S. Jâques à la Victoire.

M. DC. LXXXIII.

AVEC PRIVILEGE DU ROY.

PREFACE.

CE que j'appelle ici *Cours de Mathematique*, n'eſt autre choſe qu'un amas de divers petits Traités de la même matiere que j'ai compoſés & que j'ai enſeignés pour la plûpart à MONSEIGNEUR LE DAUPHIN. Je dis *pour la plûpart*; Car quoi que je lui aye donné une idée generale de tous, & que je ſois entré dans l'explication particuliere de ce qu'il y a de plus conſiderable & de plus curieux dans chacun d'eux : Il eſt pourtant vrai que je ne me ſuis pas appliqué à les lui faire tous également comprendre. Et je n'ai pas jugé qu'il fût fort à propos de remplir ſon eſprit de mille propoſitions, qui, quoi que tres-belles par elles mêmes, ne devoient pas occuper la place d'une infinité d'autres conoiſſances plus utiles & plus neceſſaires. J'ai donc tenu un certain milieu dans ma conduite, dont il ſeroit bon que je rapportaſſe ici les particularités : Mais comme dés le commencement de mon employ je me ſuis expliqué de la methode que je m'êtois propoſé d'y tenir, dans une Lettre que j'écrivis à un de mes amis qui me demandoit mon ſentiment ſur celle que l'on devoit garder pour l'instruction d'un jeune Seigneur ; J'ai pensé qu'il suffiroit de rapporter ici ma Lettre, afin que l'on puisse mieux juger du dessein de tout cet ouvrage. Voici donc ce que je lui mandois.

LETTRE A MONSIEUR L'ABBE'**

JE ne sçaurois ce me semble repondre mieux à la confiance que vous avés en moi, qu'en vous disant MONSIEUR, Quelle est ma pensée au sujet de l'instruction de MONSEIGNEUR LE DAUPHIN *dans les Mathematiques & quelle est la methode que je me suis proposé d'y tenir, en cette maniere.*

Comme ces Sciences ont plusieurs parties dont il y en a qui doivent être necessairement sçeües d'un grand Prince ; D'autres qu'il est bon qu'il conoisse, parce qu'il y a des occasions où elles peuvent être de grande utilité ; Et d'autres enfin dont il est à propos de l'entretenir, parce que la conoissance en est agreable & curieuse : J'ai crû qu'aprés avoir donné à MONSEIGNEUR LE DAUPHIN, *comme pour un avantgoust des Mathematiques, la conoissance de la* Tactique, *c'est à dire des* Evolutions Militaires, *où il a pris un plaisir particulier ; je devois en suitte lui parler de ces parties qui lui sont absolument necessaires, qui sont* l'Arithmetique & les Fortifications : *Et c'est principalement en ces deux Sciences qu'il a fait un progres considerable. Mais comme il est mal aisé de comprendre ce qui se dit de la Fortification que l'on ne sça-*

che au moins ce que c'est que Lignes, Surfaces, Figures, Perpendiculaires, Paralleles *& mille autres choses qui s'enseignent particulierement dans la Geometrie; Il a falu lui en donner une teinture & lui en apprendre les principales pratiques, reservant à l'en instruire à fonds, lors que nous expliquerons cette partie, Ie veus dire la* Geometrie, & les Elemens d'Euclide, *que je mets au nombre de celles qui, pour n'estre pas d'une necessité si absoluë, ne laissent pas de se trouver fort utiles; & que je pretens lui enseigner incontinent aprés celles que je vous ai nommées les premieres. Ensuitte de la Geometrie je me resous de lui expliquer à fonds les* Mecaniques, *puis ce qu'il y a de plus beau dans* l'Architecture. *Et comme quel-*

que temps avant que j'eusse l'honneur d'être auprés de lui; Monsieur l'Evêque de Condom son Precepteur avoit eu le soin de lui enseigner les principes de la Sphere, *comme une precaution necessaire à la Geographie, à laquelle en suitte il l'avoit fait étudier avec beaucoup de fruit; Ie n'aurai qu'à continuer ce qu'il a si heureusement commencé pour bien faire comprendre à* MONSEIGNEUR LE DAUPHIN, *ce qu'il y a de plus beau dans l'une & dans l'autre de ces deux parties des Mathematiques; Aprés quoi je prendrai plaisir à l'entretenir des curiosités de* l'Astronomie, *tant au sujet du mouvement de la terre ou du premier mobile, que de celui des Planettes en particulier. Par occasion je lui parlerai* de la Gnomonique *ou des Cadrans au Soleil & de la* Chronologie, *c'eſt à dire de la ſuite des Temps & de la maniere de les conter, ſuivant la difference des Nations; Et particulierement de l'Origine & des divers changemens qui ſe ſont faits dans* le Calendrier Romain. *Ie le divertirai des gentilleſſes* de l'Optique, *des ſecrets des Miroirs ardans & des Lunettes, & de la* Perſpective. *Peut-être qu'il y aura occaſion de lui decouvrir l'origine de la douceur des accords dans* la Theorie de la Muſique, *de lui parler* de la Navigation, *& de lui dire au moins ce que c'eſt que* l'Algebre, *& de quelle utilité elle peut-être à ceux qui en font leur principale étude.*

Où vous voyés MONSIEVR, que j'ay un grand champ, & bien rempli de belles choses, & qu'il ne me manque point de matiere pour entretenir avec plaisir le plus grand Prince du monde aprés le Roy. Mais pour en ôter les épines qui se trouvent dans les Ouvrages de ceux qui en ont écrit, j'ai composé divers Traités de ces differentes parties de Mathematique, dans lesquels j'ai tâché d'aplanir ce qu'il y avoit de rude & de difficile, sans rien ometre de ce qu'il y avoit d'utile. Ie souhaite MONSIEVR, que celui qui aura à travailler auprés du jeune Seigneur dont vous me parlés, soit aussi heureux que je le suis dans la disposition du sujet: Car en verité j'ai affaire à un esprit, qui, outre le plaisir qu'il y prend, previent le plus souvent par sa vivacité les choses que j'ai à lui faire entendre. Ie suis,

MONSIEVR

Vôtre tres humble & tres obeissant serviteur.

à Versailles ce 15 Octobre 1674.

C'est à peu prés sur ce plan que j'ai reglé ma conduite pour l'instruction de MONSEIGNEUR LE DAUPHIN dans tout le temps que j'ai eu l'honneur d'être auprés de lui, qui m'a été si heureuse que je puis dire qu'entre les choses qui lui ont été enseignées, il y en a peu qui lui ayent été plus agreables que les Mathematiques, où il ait apporté plus d'étude & d'application, & où il ait fait de plus grand progrés. LE ROY même qui s'est donné la peine de l'examiner & de le faire raisonner en sa presence sur cette matiere, en a paru tres satisfait; Je puis même assurer qu'il s'est trouvé surpris agreablement quand il a vû avec quelle facilité MONSEIGNEUR LE DAUPHIN avoit renfermé de Fortification correcte, un espace compris de lignes inégales en toutes manieres & dans la derniere irregularité de leurs angles, que sa Majesté avoit voulu lui tracer elle-même. C'est en consequence de cette satisfaction que sa Majesté desirant que le Public profitat du travail qui s'étoit fait pour l'instruction de MONSEIGNEUR LE DAUPHIN dans les Mathematiques, m'a fait l'honneur de me commander de mettre en ordre tous les traittés que j'avois composés, & les faire imprimer. Il a même voulu que j'y joignisse deux autres Ouvrages qu'il avoit tenu secrets jusqu'alors, dont l'un est le Livre *de la Nouvelle Maniere de Fortifier les Places*, que j'eus l'honneur de lui presenter il y a dix ans, & l'autre est celui de *l'Art de jetter les Bombes* que je lui presentai deux ans aprés.

DISCOURS A MONSEIGNEUR LE DAUPHIN SUR LE SUJET DES MATHEMATIQUES.

ONSEIGNEVR,

Il est impossible que vous n'ayés beaucoup d'estime pour les Mathe-

matiques , si vous faites reflexion sur le soin que le Roy prend de vous les faire enseigner , & sur le desir qu'il a que vous vous en rendiés capable , étant persuadé, comme vous l'êtes , qu'il n'y a que le seul merite qui puisse avoir part en l'honneur de son approbation.

Cette raison est presentement suffisante pour vous obliger à vous y appliquer, & à donner à cette étude l'attention qu'elle demande , en attendant que vous puissiés être attiré par vous même & par le plaisir que vous aurés de conoître ce qu'elles vallent , & quels sont les avantages qu'elles apportent aux affaires des hommes soit pour la paix soit pour la guerre.

Car MONSEIGNEVR, nous pouvons par avance vous assurer

rer, que vous ſerez avec le temps ètonnè de voir à combien de differens uſages ces Sciences ſont tous les jours employées, ſoit pour procurer la ſeureté dans le Commerce & la Navigation, la facilité dans tous les Arts & la magnificence dans les Batimens. Elles ont la meilleure part dans les plus nobles & les plus agreables divertiſſemens, & tout ce que produit la Peinture, la Sculpture, le Iardinage, le mouvement des Eaux & ces autres Arts qui donnent tant de plaiſir aux yeux par l'excellence de leurs Ouvrages, eſt entierement ſoumis aux loix de la Mathematique.

La Muſique mème, qui vous paroit maintenant ſi agreable, aura bien d'autres charmes pour vous, lors que vous en conoitrès la nature &

que vous sçaurés la cause de ce chatoüillement merveilleux, que l'amas de tant de sons differens produit dans vôtre oreille par le mèlange & la suite de ses accords.

Dois - je vous dire MONSEIGNEUR, *que les Mathematiques donnent mille moyens qui facilitent les Victoires des Conquerans. Quelles leur enseignent l'Art des campemens & des marches des Armées, les ordres de bataille, les evolutions & ces mouvemens qui ont tant depart au succés des grands Combats. Que c'est avec cette Science que les Victorieux attaquent & prennent les Places fortes, & qu'ils ne conservent leurs conquètes que par les moyens qu'elle leur enseigne de les bien fortifier & de les défendre.*

Voila, MONSEIGNEUR, la matiere dont je pretends avoir l'honneur de vous entretenir ; Aprés vous avoir premierement dit, que ces Sciences sont appellées Mathematiques *par excellence, c'est à dire* disciplines *ou choses que l'on doit* enseigner *ou* apprendre, *par ce qu'elles ont èté long-temps les seules que l'on enseignoit publiquement en Grece, où l'on ètoit persuadé que c'ètoit ces conoissances que l'on devoit insinuër les premieres dans l'esprit des jeunes gens, afin qu'ètant à tous momens convaincus par des raisonnemens infaillibles & qui ne souffrent point de contradiction, ils s'acoutumassent insensiblement à conoître la verité, à ceder à la raison, & à se deprendre de l'opiniâtreté que la fausse opinion de doctrine, qui nait le plus ſouvent de la maniere ordinaire de raiſonner ſur les matieres douteuſes, engendre preſque toûjours dans l'ame de ceux qui s'apliquent aux autres ètudes.*

Au mois de May 1673.

DES

TRAITTÉS CONTENUS DANS CE VOLUME:

I.
DE
L'A MATHEMATIQUE EN GENERAL.

II.
DE
LA GEOMETRIE SPECULATIVE.

III.
DE
LA GEOMETRIE PRATIQUE.

DES MATHEMATIQUES EN GENERAL.

LES Mathematiques ſont des Sciences qui conſiderent la Quantité. Il n'y a point de connoiſſance qui puiſſe plus legitimement porter le nom de Science que les Mathematiques, dont les Concluſions ſont demontrées par des raiſonnemens certains, evidens & d'une verité ſi conſtante, qu'il faut ou n'être pas raiſonnable, ou ne les pas entendre, pour en douter ou pour y contredire.

Ces Concluſions ſont tirées de trois differentes eſpeces de Principes, qui ſont les Definitions, les Axiomes ou Maximes & les Demandes ou Poſtulats. La *Definition* paſſe pour principe en Mathematique, parce qu'elle fait que nous entendons tous une même chose par un même nom: Ainsi par ce nom de *Cercle*, chacun conçoit *une figure ronde contenue d'une seule ligne courbe que l'on appelle Circonference, qui a un point au dedans, d'où toutes les droites tirées à la Circonference sont égales* : & par ce nom de *Ligne*, tout le monde entend *une longueur sans largeur ni profondeur.*

Les *Axiomes* ou *Maximes* que l'on appelle autrement *Dignités* & *Notions communes*, sont des Propositions d'une verité si conue & si evidente par elles-mêmes, qu'il suffit de les bien entendre pour leur donner une entiere creance.

Voici les principaux Axiomes de la Mathematique en general.

1. *Le Tout est plus grand que sa partie.*

2. *Si l'on ôte ou ajoute choses égales à choses égales : les restes ou les sommes seront égales.*

3. *Si l'on ôte ou ajoute choses inégales à choses égales, ou choses égales à choses inégales : les restes ou les sommes seront inégales.*

4. *Les choses qui sont égales à une même, sont égales entr'elles.*

5. *Les choses doubles, triples, quadruples &c. ou qui sont soûdoubles, soûtriples, soûquadruples &c. d'une même ; sont aussi égales entr'elles.*

Toutes ces Propositions sont receües sans aucune demonstration, parce qu'elles sont tirées immediatement du premier de tous les principes de la Nature, que les Metaphysiciens enoncent en ces termes : *Il eſt impoſſible qu'une choſe ſoit enſemble & ne ſoit pas.*

Les *Demandes* ou *Poſtulats* ſont des Propoſitions d'une facilité notoire : & c'eſt pour cette raiſon que les Mathematiciens demandent que l'uſage leur en ſoit permis, comme eſt celle-cy : *Que l'on puiſſe ſur un plan donné mener une ligne droite d'un de ſes points donné à un autre tre auſſi donné.* Et cet autre. *Qu'à l'entour d'un point donné dans un plan l'on puiſſe décrire un Cercle.*

C'eſt ſur ces trois genres de principes que les Propoſitions Mathematiques ſont fondées, dont les Concluſions ſont deduites & demontrées legitimement par des Syllogiſmes, des Enthymemes & par toutes les autres manieres de bien raiſoner en Logique.

Ces Propoſitions ſont *Elementaires* ou *non Elementaires* : Les premieres ſont tirées immediatement des premiers principes, & les autres ſuppoſent la connoiſſance des Elementaires, dont elle ſe ſervent comme de baſe & de fondement aſſuré pour la demonſtration de leurs Concluſions.

Ces mêmes Propoſitions s'appellent *Theoremes*, lors qu'elles s'arrêtent à la ſeule connoiſſance & demonſtration d'une verité dans une Queſtion proposée, comme est celle-ci : *Les trois angles d'un triangle rectiligne sont égaux à deux droits ;* ou *Problemes*, lors qu'elles ordonnent de faire quelque chose sur la question proposée, qu'elles executent ce qui est ordonné & qu'elles demontrent qu'elles ont satisfait aux conditions de la Question & au commandement, comme celle-ci : *Trouver le centre d'un cercle donné :* ou cette autre : *Sur une droite donnée décrire un triangle equilateral.*

Je ne veux point m'arrêter ici à la definition que les Logiciens apportent de la *Quantité*, qui est, comme j'ay dit, l'objet des Mathematiques ; parce que je suis persuadé que la Quantité est de la nature de ces choses qu'il est plus aisé de comprendre que d'en donner la definition. Je diray seulement que nous avons ordinairement deux idées assés differentes de la Quantité. Par la premiere nous concevons quelque chose d'étendu & dont les parties sont jointes ensemble, ce que l'on peut appeller *Grandeur :* & par la seconde nous nous representons un amas de plusieurs choses distinctes & separées l'une de l'autre. D'ou vient que l'on divise la Quantité en deux especes, dont la premiere est la *Quantité continue*, c'est à dire celle dont les parties se tiennent ensemble par des liens communs ; soit que l'on ait égard à l'espace ou au lieu qu'elle occupent, ce qui fait la *Quantité continue permanente* ; soit qu'on la considere par relation au tems dans lequel elles subsistent, ce qui fait la *Quantité continue successive.* L'autre espece est celle que l'on appelle *Quantité discrete*, c'est à dire celle dont les parties n'ont point de lien commun qui les tienne ensemble, & leur assemblage fait cette quantité que l'on appelle *Multitude* ou *Nombre.*

Cela fait voir qu'il y a peu d'Etres dans la Nature qui ne soient en quelque façon soumis aux Loix de la Mathematique, soit à cause de l'espace ou du lieu qu'ils occupent, ou pour raison de leurs figures, de leurs grandeurs, de leurs mouvemens, du temps de leur durée, de leur nombre, de leur poids, de leurs mesures, de leur situation, de leur ordre & de mille autres, qui sont toutes, comme l'on voit, dependantes en quelque maniere de l'objet general de la Mathematique, c'est à dire de la Quantité, pouvant être comparées entr'elles par rapport de grandeur, de petitesse ou dégalité.

Au reste l'on peut considerer la Quantité par elle-même & en examiner les proprietés, sans y comprendre aucun melange de sujet ou de matiere sensible qui la contienne. Ainsi l'on peut par exemple considerer une Ligne droite & dire qu'elle est le plus court chemin d'un point à un autre, sans penser si c'est celle qui marque la distance entre deux lieux; ou si c'est un rayon de lumiere. Et l'on peut examiner les proprietés d'un Nombre comme de celui-ci 4, & dire qu'il est nombre pair, qu'il est nombre quarré &c. sans penser qu'il determine celui de quatre hommes, de quatre bataillons, de quatre élemens.

La partie de Mathematique qui considere la Quantité de cette maniere en faisant abstraction de toute matiere ou sujet sensible, s'appelle ordinairement *La Mathematique pure* dont il y a deux especes, qui sont *La Geometrie* pour la Quantité continuë, & *l'Arithmetique* pour la Quantité discrete ou pour les Nombres.

L'une & l'autre est ou speculative ou pratique. *La Geometrie speculative* s'arrête à la seule consideration des proprietés de la Quantité continue. Elle à ses Elemens, c'est à dire un amas de plusieurs Propositions qui sont deduites immediatement des premiers principes de la Mathematique Universelle, ou au moins de celles qui viennent immediatement de celles-là. On les appelle *Les Elemens d'Euclide* du nom de celui qui les a mis ensemble; Ils sont compris en Quinze Livres; les six premiers contiennent la doctrine des Lignes & des Surfaces, ou plûtost des Figures planes; les trois suivans appartiennent à celle des Nombres; le dixiéme explique la nature des Quantités incommensurables; & les autres renferment la doctrine des Corps ou des Solides.

Les principales proprietés de la Quantité continue, dont il est traité dans les Elemens de la Geometrie ſpeculative, ſont celles-ci. La forme ou figure de la Quantité, ſa meſure, ſa deſcription, inſcription, circonſcription, ſon addition, ſouſtraction, multiplication, diviſion, ſa puiſſance, ſes racines, ſa transformation & ſa proportion; ſous laquelle on peut entendre la commenſurabilité & l'incommenſurabilité, la ſimilitude & la diſſimilitude, légalité & l'inégalité, & autres choſes ſemblables. Où l'on voit que la forme ou figure, la deſcription, la puiſſance & les racines, ſont proprietés qui appartiennent à la Quantité que l'on appelle *abſolue*, au lieu que toutes les autres ſont pour la Quantité *comparée* & comme l'on dit par *relation* à une autre.

Outre les Elemens d'Euclide, il y a encore d'autres Livres de la Geometrie ſpeculative qui ſont d'une doctrine beaucoup plus profonde, comme ſont les Livres de la Sphere & du Cylindre d'Archimede, ceux de la dimenſion du Cercle, de la Quadrature de la Parabole &c. Les Coniques d'Apollonius, les Cylindriques de Serenus, les Spheriques de Theodoſe & pluſieurs autres.

La Geometrie pratique met en uſage les notions que la Speculative lui fournit: Elle ſe diviſe en trois parties: La premiere s'appelle *la Geometrie des Lignes*, qui meſure les diſtances & les longueurs qui n'ont qu'une dimenſion. Elle ſe ſert principalement de la *Trigonometrie*, qui eſt la ſcience des Triangles rectilignes ou Spheriques, & qui a ſous elle la doctrine admirable des *Sinus*, *Tangentes & Secantes*, auſſi bien que celle des *Logarithmes*. La ſeconde eſt *la Geometrie des ſurfaces*, que l'on appelle autrement *l'Arpentage* qui meſure les plans, les aires, les eſpaces qui n'ont que deux dimenſions. La troiſiéme eſt *la Stereometrie* ou *la Geometrie des Corps* qui recherche les meſures de toutes les trois dimenſions qui ſe rencontrent dans les Solides.

L'Arithmetique ſpeculative ſe contente de la ſeule contemplation des Nombres. Elle a ſes Elemens qui ſont dans les ſeptiéme, huitiéme & neuviéme Livres d'Euclide, dans les Livres Arithmetiques de Diophante & ailleurs. *Le Nombre eſt une multitude d'unités aſſemblées.* Ses principales proprietés ſont celles-ci : Tout nombre eſt *pair* ou *impair*, *premier* ou *composé*, *parfait*, *abondant* ou *defaillant*, *figuré*, c'eſt à dire *Triangulaire*, *quarré*, *pentagone*, *hexagone &c.* ou *pyramidal*, *columnaire &c.* Il y a des Nombres *amiables entr'eux*, d'autres qui ſont *Les coſtés d'un triangle rectangle*; Il y en a qui ſont *puiſſances de divers degrés*, & d'autres qui ſont *les racines de ces puiſſances*. Entre les Nombres il y a *raiſon*, *proportion*, *progreſſion*, *medieté*, *ſimilitude*, *combinaiſon* & mille autres choſes de cette nature.

L'Arithmetique pratique, que l'on appelle autrement *la Logiſtique* ou *l'Art de conter*, enſeigne les

les regles des Operations ſur les Nombres; qui ſont ce qu'on appelle vulgairement *l'Algorithme*, ſçavoir, *l'Addition* qui trouve un Nombre égal à la ſomme de pluſieurs nombres donnés; *la Souſtraction* qui trouve un Nombre égal à la difference de deux nombres donnés; *la Multiplica-* qui trouve un Nombre qui contient autant de fois le nombre qui doit être multiplié, qu'il y a d'unités dans celui qui doit multiplier; *la Diviſion* qui trouve un Nombre qui contient autant de fois l'unité que le diviſeur eſt contenu dans le nombre qui eſt à diviſer. *L'extraction des Racines*, qui trouve un Nombre qui multiplié autant de fois qu'il faut par lui-même ſelon le nom de la puiſſance, produit la puiſſance dont il eſt la racine.

Il y a encore d'autres regles qui s'enſeignent dans l'Arithmetique pratique, dont la principale eſt celle que l'on appelle la *Regle Trois*, & par excellence *la Regle d'Or* ou *de Proportion*: qui à trois Nombres donnés trouve un quatriéme qui a même raiſon au troiſiéme que le ſecond à au premier, ou au contraire. Cette regle eſt ou *directe* ou *inverſe*, *ſimple* ou *compoſée*. Elle en produit diverſes autres comme *la Regle de Compagnie*, *la Regle d'Alliage*, *la Regle de faux de ſimple* ou *de double poſition*, *la Regle des Progreſſions*, *des Combinaiſons* & d'autres ſemblables.

L'on peut ajouter à ces deux eſpeces de *la Ma-*

thematique pure, une troisiéme qui appartient à l'une & à l'autre & que l'on appelle d'un mot Arabe *Algebre*, ou *Analyse*. Elle est ou *Numereuse* ou *Specieuse* ; la Numereuse n'employe que les nombres dans ses operations. La Specieuse se sert des caracteres de l'Alphabet, par le moyen desquels elle explique toutes les raisons qui peuvent se rencontrer entre des Quantités homogenes, de quelque genre ou nature qu'elles puissent être. C'est une science qui trouve les Quantités inconnuës en les supposant conuës, & les composant & mêlant de telle sorte avec d'autres qui sont données & conuës, que l'on vienne par le moyen de ses regles à trouver ce que l'on appelle une *Equation* ; c'est à dire une disposition d'égalité ordonnée entre des Quantités conuës & les inuës pures ou affectées ; ou plûtôt une forme d'exprimer une même Quantité en deux differentes manieres.

L'Algebre à trois parties sçavoir, *La Zetetique* ou l'art de trouver les Equations, qui a sous elle *l'Algorithme* ou *la Logistique* pour ajouter les caracteres Analytiques, les soustraire, multiplier, diviser &c. La seconde purge, reduit, dispose, ordonne & prepare les Equations ; & la derniere est *l'Exegetique*, qui debarasse la verité de la difficulté des termes sous lesquels elle êtoit engagée & decouvre la Quantité que l'on demande en resoluant le Probleme proposé.

Pour parler maintenant de cette partie de Mathematique qui examine les proprietés de la Quantité affectée ou attachée à certains sujets sensibles, & qui pour cette raison peut être appellée *Mathematique mixte ou mêlée* ; Il est à remarquer que les propositions qui sont demontrées sur la *Quantité abstraite par la Mathematique pure* sont aussi tres-veritables sur la *Quantité affectée*, que l'on nomme aussi *Quantité concrete.* Et que *la Mathematique mixte* ne fait que les decouvrir, les faire conoître & les appliquer sur les sujets sensibles ou materiels qu'elle considere.

Elle à quantité de parties sous elle qui sont differentes par la diversité des sujets : & comme le premier, le plus noble & le plus considerable de tous les Estres, dans lesquels la Quantité se trouve engagée dans des sujets sensibles & materiels, c'est la *Masse du Monde* que l'on appelle autrement *l'Univers* ; l'on peut dire que la *Cosmographie* qui en examine la grandeur, la figure, la disposition & le nombre de ses parties, leurs mouvemens, leurs distances & mille autres proprietés de cette nature, est aussi la premiere & la plus considerable de cette partie de la Mathematique appellée *Mixte.*

Et comme les deux principales & plus nobles parties de l'Univers sont à nôtre égard le *Ciel & la Terre ;* l'on peut aussi juger que les deux plus considerables parties de la Cosmographie sont *l'Astronomie & la Geographie* ; Celle-ci recherche dans la masse de la Terre la nature & les proprietés des choses qui appartienent à la Quantité ; & l'autre s'applique à la conoissance des choses Celestes, expliquant le Cours des Astres, leurs grandeurs, leurs figures, leurs temps, leurs distances, leur nombre, leurs mouvemens &c.

De plus comme on a reconnu qu'outre le *Mouvement journalier*, dont le Ciel & les Etoiles sont ensemble emportées de l'Orient en Occident en vingt quatre heures, & que pour ce sujet on appelle *le Mouvement du premier Mobile*, Il y a certains Astres qui sont portés d'un mouvement qui leur est particulier au contraire de celui du premier Mobile ; il a falu pour ce sujet diviser l'Astronomie en deux parties, dont la premiere a pris le nom de la *Theorie des Planetes* qui explique les mouvemens des Etoiles errantes, & l'autre est la *Doctrine de la Sphere* ou *du premier Mobile*, qui explique diverses choses, dont les principales sont le mouvement tardif du Firmament selon la suite des Signes, la constante & perpetuelle vicissitude du jour & de la nuit, les causes du changement des Saisons &c.

Elle nous les fait sensiblement conoître par le moïen de la machine dont elle se sert, que l'on appelle *la Sphere armillaire* & qui est composée *d'un Axe*, *de deux Poles* & *de dix Cercles*, lesquels imitent assés bien les principales conversions des Astres qui se font au Ciel. Entre ces cercles il y en a six que l'on appelle *grands Cercles*, par ce qu'ils partagent la Sphere en deux parties égales, & *quatre Petits*. Le premier des grands est *l'Horison* qui separe la Sphere en partie *Superieure ou visible*, & en partie *inferieure* ou *cachée*; il a ses poles aux points verticaux que les Arabes appellent *Zenith* & *Nadir*. Le second est le *Meridien*, qui separe la Sphere en partie *Orientale* & *Occidentale*, & qui a ses Poles aux points ou l'horison & l'Equateur s'entrecoupent. Ces deux cercles s'appellent *Cercles changeans*, parce que c'est seulement à nostre égard qu'ils sont considerés, comme tels: Tous les autres sont toujours les mêmes, parce qu'ils n'ont point d'autre dependance que de la seule disposition du Ciel. Le troisiéme qui est le principal de ceux qui ne changent point est *l'Equateur* par qui la Sphere est divisée en parties *Septentrionale* & *Meridionale*, & dont les poles sont les mêmes que ceux de la Sphere; Il est moralement décrit par le mouvement que le Soleil fait au jour qu'il se trouve également éloigné des poles du Monde. Le quatriéme est le *Zodiaque* qui coupe les autres Cercles de travers en forme d'écharpe, Il a *l'Ecliptique* dans le milieu, c'est à dire le chemin que le Soleil parcourt en un an dans le Ciel, par le mouvement qui luy est propre &

qui le porte d'Occident en Orient, ou ſelon la ſuite des Signes. Celle-ci decline environ 23 degrés ½ de chaque côté vers les poles. Toutes les fois que le Soleil ſe rencontre aux points ou l'Ecliptique eſt dans ſa plus grande declinaiſon, il y décrit par ſon mouvement journalier les deux petits cercles de la Sphere que l'on appelle *les Tropiques*, le plus proche du Septentrion eſt celui de *l'Ecreviſſe*, & l'autre qui eſt vers le pole meridional eſt le Tropique du *Capricorne*. Les points ou les Tropiques & le Zodiaque ſe coupent s'appellent les points des *Solſtices*; Celui qui eſt du côté du Septentrion eſt le *Solſtice d'Eté*, & l'autre qui regarde le midi eſt le *Solſtice d'Hyver*. Par la même raiſon on appelle *Points des Equinoxes* ceux ou le Zodiaque & *l'Equateur* s'entre-coupent. Et des deux grands Cercles qui paſſent par ces *quatre points Cardinaux*, l'un s'appelle *le Colure des Solſtices* & l'autre eſt le *Colure des Equinoxes*. Les poles du Zodiaque par le mouvement journalier, décrivent les deux autres petits cercles à l'entour des poles de la Sphere, qui ſont pour ce ſujet appellés *Cercles Polaires*, dont l'un eſt le polaire *Arctique* & l'autre *l'Antarctique*. Cet Inſtrument donne beaucoup de facilité pour conoître les Longitudes & les Latitudes des Lieux, les Climats, les Zones, la Declinaiſon des Aſtres, leur lever & leur coucher, leurs Aſcenſions droites & obliques, les Cercles paralleles, les Meridiens & plusieurs autres choses de cette nature.

Au reste, outre les choses que nous venons de raporter il y a divers *Phenomenes* ou *Apparences* des Etoiles errantes, qui sont expliquées par la Theorie des Planetes, dont les principales sont celles-ci : 1. Que toutes les Planetes & le Soleil même sont parfois proches de la Terre & par fois plus élognées. 2. Que l'Ecliptique ne coupe pas toûjours l'Equateur en même endroit. 3. Que toutes les Planetes, à la reserve de la Lune, outre leur cours qu'elles ont le plus souvent selon la suitte des Signes, paroissent par fois marcher au contraire & quelquesfois s'arrêter ; Ce qui fait qu'on les appelle tantôt *Directes*, tantôt *Stationaires* ou *retrogrades*. 4. Que les Planetes, sans sortir des bornes de la largeur du Zodiaque, declinent à droite & à gauche de l'Ecliptique vers le midi ou le Septentrion. 5. Que les *Cercles deferens* des Planetes ne coupent pas toûjours l'Ecliptique aux mêmes points, que l'on appelle ordinairement *les nœuds*, &c.

C'est pour expliquer ces Phenomenes, que les Astronomes ont inventé divers *Systemes* ou *Hypotheses*, dont voici les trois plus considerables. La premiere est de ces Anciens Eudoxe, Callippe, Aristote, Hipparque, Ptolomée &c. Et qui a été retablie depuis deux cens ans par Purbaque & Regiomontanus. Ces Astronomes mettant la

Terre immobile au centre de l'Univers, ont crû que les Planetes tournoient à l'entour dans cette disposition, sçavoir que la Lune étoit la plus proche de la terre, puis Mercure, Venus, le Soleil, Mars, Jupiter & Saturne, qui est le plus élevé de toutes les Etoiles errantes; Au dessus duquel ils placent le Ciel des fixes que l'on appelle le Firmament, puis le premier Mobile, & enfin les deux Cristallins. Ils se servent du *premier Cristallin* pour expliquer le mouvement tardif des Etoiles fixes, qui les fait avancer d'un degré en soixante dix ans, selon la suite des Signes & qui fait naître ce que l'on appelle la *precession des Equinoxes*. Le *second Cristallin* leur sert à faire entendre un autre mouvement que l'on nomme de *Libration* ou de *Trepidation*, dont ils ont crû que la Sphere étoit portée vers l'un & l'autre des Poles, & qui fait qu'il y a dans divers temps de la difference dans la plus grande declinaison du Soleil. *Le premier Mobile* produit cette constante & perpetuelle vicissitude du jour & de la nuit, par le mouvement rapide qu'il imprime à tous les Cieux & à toutes les Etoiles fixes ou errantes, les entrainant uniformement en vingt-quatre heures au tour de la Terre comme le centre de l'Univers. *L'obliquité du Zodiaque*, qui fait que le Soleil parcourant sa revolution annuelle, s'approche de nous en un temps & s'en élogne en un autre nous fait conoître la cause

cauſe de la diverſité des Saiſons. Deplus ces mêmes Aſtronomes ont mis dans l'épaiſſeur du Ciel de chaque Planete , un Cercle qu'ils appellent *Excentrique* , parce que ſon centre eſt élogné de celui de la Terre, qui portant la Planete la fait voir quelquesfois proche de la Terre & d'autres-fois plus élognée. Ainſi dans la même épaiſſeur de chaque Ciel, à la reſerve de celui du Soleil , ils ont placé des *Epicycles* , afin d'expliquer la raiſon pour laquelle les Planetes paroiſſent quelques-fois directs, ſtationaires & retrogrades, & diverſes autres choſes de cette nature, pour expliquer les mouvemens des Aſtres, leurs anomalies , leurs aſpects , leurs diſtances &c. Ils s'en ſervent pour la conſtruction des *Tables Aſtronomiques*, dont le calcul nous donne le moyen de prevoir & de predire les Eclipſes, les differens aſpects des Aſtres, les periodes de leurs converſions &c.

La ſeconde eſt d'Apollonius Pergæus & de quelques autres Anciens, que Ticho Brahé a fait revivre au dernier Siecle. Elle a ceci de commun avec la precedente : Que la Terre eſt immobile au centre du monde : Que le premier Mobile emporte les Cieux & les Etoiles & les fait tourner d'Orient en Occident autour de la Terre en vingt-quatre heures, ce qui fait le jour & la nuit; Que la Lune qui eſt la plus proche de la Terre fait ſa revolution d'Occident en Orient autour de la même en un mois par le mouvement qui lui eſt propre. Que le Soleil fait la même choſe en une année. Toute la difference eſt au mouvement particulier des autres Planetes, qu'ils font tourner autour du Soleil comme leur centre commun, diſpoſant Mercure le plus prés, puis Venus, Mars, Jupiter & Saturne, & les obligeant de ſuivre cependant avec tant d'exactitude le mouvement particulier du Soleil, que comme s'ils ne faiſoient qu'un corps avec lui emporté par ſa rapidité, outre le mouvement qui leur eſt propre qui les porte autour du Soleil, ils font encore avec lui leur revolution autour de la Terre en une année : avec cette difference neanmoins que Mercure & Venus ne paroiſſent jamais en oppoſition, à cauſe que leur cours ſe fait entre le Soleil & la Terre, au lieu que les Planetes ſuperieures embraſſant par leur converſion la Terre auſſi-bien que le Soleil & les Planetes inferieures, peuvent ſe faire voir en oppoſition lors que dans le Cours de leur revolutions la Terre ſe rencontre entr'elles & le Soleil. Ces Aſtronomes par cette ſuppoſition ſe debaraſſent de ce fatras d'Epicycles, d'Eccentriques, de cercles Equans &c. & trouvent beaucoup plus de facilité à expliquer les Phenomenes des Aſtres & à en calculer les mouvemens pour la conſtruction des Tables Aſtronomiques dont on ſe ſert pour prevoir de loin & predire les mêmes Phenomenes.

La troisiéme est de Pytagore & de ses Sectateurs Philolaüs, Aristarque Samien, & peut être aussi d'Archimede. Elle passe à present sous le nom du *Systeme de Copernique*, parce que cet Astronome l'a rêtablie au commencement du siecle passé. Ils mettent le Soleil au centre du monde, qu'ils font tourner d'Occident en Orient sur son axe en vingt sept jours, emportant par son mouvement non seulement les autres Planetes, mais la Terre même à l'entour de soi, avec une si belle proportion que les differences des temps de leurs revolutions repondent assés precisement a celles de leurs élognemens du centre commun. Ainsi Mercure qui est le plus prés du Soleil acheve son cours en trois mois, Venus qui en est un peu plus plus élognée fait le sien en neuf mois, la Terre qui emporte la Lune avec elle comme dans un Epicycle fait sa revolution en une année, Mars en deux ans, Jupiter en douze ans, & Saturne qui est le plus élogné de tous en trente années. Ils veulent que la Terre outre le mouvement qui l'emporte par l'Ecliptique autour du Soleil en un an, en ait encore deux autres, dont le premier est le journalier par lequel elle se meut d'Occident en Orient en vingt quatre heures sur son axe incliné de $23\frac{1}{2}$ degrés à celui de l'Ecliptique; & par l'autre elle conserve l'axe de conversion annuelle dans un parallelisme constant & perpetuel. La Lune outre le mouvement qui l'emporte avec la Terre en un an autour du Soleil, en a encore un autre qui lui eſt propre, dont la revolution eſt autour de la Terre en un mois. C'eſt par la même raiſon que les quatre petites étoiles, que l'on appelle *les Satellites de Jupiter* & qui ſont autant de Lunes autour de cette Planete, outre le mouvement qui les emporte en douze ans avec elle autour du Soleil, en ont encore chacun un qui leur eſt propre au tour de Jupiter, dont la periode eſt d'un jour & de prés de dixhuit heures & demi pour celle qui en eſt la plus proche, de trois jours & de prés de trois heures pour la ſeconde, de ſept jours & de prés de quatre heures pour la troiſiéme, & de ſeize jours & de prés de dixhuit heures pour la derniere & la plus élognée. L'on peut faire le même raiſonnement des trois petites Lunes ou Etoiles, que l'on a decouvertes depuis peu autour de la Planete de Saturne. Cette hypotheſe a une incroyable facilité à expliquer tous les phenomenes des Aſtres & à conſtruire les *Ephemerides*.

Il y a des Auteurs qui mettent au nombre des parties de Mathematique cet art de deviner que l'on appelle *l'Aſtrologie Iudiciaire*, qui promet d'expliquer les Influences des Aſtres & dont ſe ſervent certains Charlatans qui ſe vantent de conoître leurs vertus ſecretes ou, comme ils diſent, l'Empire abſolu que ces Corps ſuperieurs exercent, à leur conte, au deſſus des affaires du monde ; de pouvoir par leur moyen s'aquerir la conoiſſance des choſes futures ; & de predire aux hommes ce qu'ils doivent attendre de bien ou de mal dans l'avenir. Mais comme toutes leurs regles & toute leur doctrine, n'ont aucun fondement réel dans la Nature ; Qu'elles ne dependent que du ſeul caprice de ceux qui font profeſſion de cet art, dont ils ne ſont nullement d'accord entr'eux ; & que ce n'eſt que par l'effronterie & l'impoſture, qu'ils aquierent quelque creance ſur les eſprits credules & faciles ou par leur ignorance ou par leur impertinente curioſité : Nous eſtimons qu'elle en doit eſtre abſolument bannie & rejettée, comme un Art qui ne ſe reſſent en aucune maniere de la verité ſevere & exacte des Mathematiques, & qui n'ayant point d'exiſtence plus ſolide que celle des rêveries d'un malade, ne peut paſſer que pour viſions creuſes & imaginations frivoles de cerveaux fourbes ou bleſſés.

Au reſte comme les differens mouvemens des Aſtres ou des Cieux nous determinent les années, les mois, les jours, les heures & les autres eſpaces des temps ; Nous pouvons raiſonnablement raporter à *l'Aſtronomie* diverſes autres parties de la Mathematique mixte qui s'appliquent en quelque maniere à la conoiſſance des Temps, comme ſont *la Gnomonique*, *la Chronologie*, *la Doctrine du Calendrier &c.*

La *Gnomonique* eſt la Science des Quadrans au Soleil ; Qui par la deſcription de certaines lignes ſur des ſurfaces , nous font conoître les heures du jour par la rencontre de l'ombre de quelque corps élevé ſur la ſurface du Quadran. Les heures ſont *Egales* ou *inégales* ; Voici les principales eſpeces des Egales : Celles que l'on commence à conter du point du midi que l'on appelle *heures Aſtronomiques* ; ou du point de minuit que l'on nomme *les heures communes* & qui ſont en uſage parmi nous ; ou du Lever du Soleil que l'on nomme *les heures Babyloniques* ; ou du Coucher qui ſont *les heures Italiques*. Les heures inégales que l'on appelle autrement *heures Antiques, Iudaïques & Planetaires* , diviſent chacun des jours & des nuits artificiels en douze parties égales ; qui ſont par conſequent dans la Sphere oblique plus longues en Eté pendant le jour & plus courtes pendant la nuit, & au contraire plus courtes en hyver pendant le jour & plus longues pendant la nuit. Les *Cerles horaires* ſont de diverſes eſpeces ſelon la diverſité des Lignes des heures , dont ils ſont les communes ſections ſur le Quadran : Ainſi les horaires des Lignes des heures Communes & Aſtronomiques ſont douze grands Cercles de la Sphere dont le Meridien eſt le premier, qui paſſant par les Poles & par les points ou l'Equateur eſt coupé en vingt-quatre parties égales, ſe coupent tous ſur l'axe du monde : Ceux des heures *Italiques & Babyloniques* sont vingt quatre grands Cercles de la Sphere, dont l'horison est le premier, qui touchent le plus grand des paralleles toûjours apparans & le plus grand de ceux qui sont toûjours cachés aux vingt-quatre points, ou les mêmes paralleles sont coupés par les Cercles horaires Astronomiques : Les Lignes des heures *Inegales* ne sont pas communes sections de certains cercles horaires & du Quadran comme les autres, à la reserve de l'horison qui en est le premier ; mais bien de certaines lignes plus composées qui passent par les points ou chacun des Arcs diurne & nocturne est partagé en douze portions égales. Deplus il y a des *Quadrans Reguliers & d'Irreguliers :* Les premiers sont sur des Surfaces qui sont paralleles à de grands Cercles de la Sphere qui sont toûjours les mêmes à l'égard du lieu ou ils sont construits : dont il y a cinq especes sçavoir *l'Equinoctial* qui a son plan parallele à l'Equateur, *l'Horisontal* parallele à l'horison, *le Vertical* parallele au premier vertical, *le Meridien* parallele au cercle meridien, & *le Polaire* qui est parallele au Cercle de six heures Astronomiques. Les Irreguliers sont de quatre especes, Sçavoir : *les Declinans du premier Vertical, les Declinans de l'horison, les Inclinés à l'horison & les Inclinés & Declinans ensemble.* L'on decrit encore d'autres Lignes que les horaires sur les Quadrans, comme sont les Arcs des Signes, les Arcs diurnes, les Cercles de position, les Meridiens ou les Cercles de Longitude, les Paralleles ou les Cercles de Latitude, les Almucantaraths ou les Cercles paralleles à l'horison, les Azimuths ou les Lignes verticales, les Climats & d'autres de cette nature.

La Chronologie est la doctrine des temps. Le Temps est une espece de cette quantité que nous avons appellée *Quantité continue successive*, parce que c'est la durée d'un écoulement continu & d'un mouvement uniforme & sans interruption. Quoi que toute durée de mouvement égal puisse porter le nom de Temps; Nous avons neanmoins acoutumé de mesurer le Temps par celle de certains mouvemens insignes, remarquables & constans comme sont ceux des Astres. C'est ainsi que la durée de la revolution du premier Mobile nous determine cette partie de Temps que nous appellons *un Iour*, dont la vingt quatriéme portion est *l'Heure*. La revolution du Soleil par l'Ecliptique produit *l'Année*; & celle de la Lune autour de la terre produit le *Mois*. Il y a trois especes d'Années, Sçavoir : les Années *Solaires*, *les Lunaires*, & celles qui se reglent sur le mouvement du *Soleil & de la Lune*. Entre les Solaires il y en a que l'on appelle *Années Egiptienes*, qui ne sont que de trois cens soixante cinq jours seulement, sans s'arreter aux *six heures* dont la revolution du Soleil surpasse ce nombre de jours entiers;

entiers ; & d'autres que l'on nomme *Années Iulienes* qui font un jour en quatre ans de ces six heures, pour le placer par Intercalation dans chaque quatriéme année, qui devient par ce moyen de trois cens soixante six jours. Les années Lunaires sont de douze Lunes qui font trois cens cinquante quatre jours, & qui sont par consequent moindres de plus d'onze jours que les Solaires. Les Années qui se reglent sur les mouvemens des deux Astres acomodent par le moyen de leurs Intercalations le mouvement du Soleil aux années Lunaires, ou celui de la Lune aux années du Soleil.

Le principal usage de la Chronologie est pour *l'Histoire*, qui est ou *sacrée* ou *profane*. L'on voit dans la premiere, qui est principalement contenue dans les Livres de l'Ecriture Sainte, *trois Ages* tres remarquables, le premier est *l'Age de la Nature* depuis Adam jusqu'à Moyse, le second est *l'Age de la Loy* depuis Moyse jusqu'à Nôtre Seigneur, & le troisiéme est *l'Age de la Grace* qui commençant à la mort de N. S. doit s'étendre jusqu'à la fin des Siecles. Ces trois ages se distinguent plus particulierement par certaines Notes insignes & considerables des Temps que les Grecs ont appellées des *Epoques* en cette maniere : la premiere est de la *Creation du Monde* que l'on croit vulgairement être arrivée environ quatre mille ans avant la Naissance de N. Seigneur ;

la ſeconde eſt celle *du Deluge* environ dix ſept cens ans aprés la Creation du Monde & deux mil trois cens avant N. Seigneur : la troiſiéme eſt celle *de la Vocation d'Abraham* pere des Fideles environ dix-neuf cens cinquante ans aprés la Naiſſance du Monde, & deux mille cinquante avant celle de N. Seigneur : la quatriéme eſt celle *de Moyſe* prés de deux mil quatre cens cinquante ans aprés la Naiſſance de l'Univers, & quinze cens cinquante avant celle de N. Seigneur : la cinquiéme eſt celle *du Prophete Royal David* environ deux mille neuf cens cinquante ans aprés la creation du Monde, & mille cinquante ans avant N. S. : la ſixiéme eſt celle *de la Captivité de Babylone* 3300 ans aprés la Creation du Monde, & 700 ans avant N. S. : la ſeptiéme & derniere eſt celle de la Naiſſance de N. Seigneur. La premiere Epoque depuis la Creation du Monde juſqu'au Deluge eſt donc, comme on le croit ordinairement, d'environ 1700 ans ; la ſeconde depuis le Deluge juſqu'au temps du Patriarche Abraham, d'environ 250 ans ; la troiſiéme depuis Abraham juſqu'à Moyſe de 500 ans ; la quatriéme depuis Moyſe juſqu'à David de 500 ans ; la cinquiéme depuis David juſqu'à la Captivité de Babylone de 350 ans ; la ſixiéme depuis la Captivité de Babylone juſqu'à la Naiſſance de N. Seigneur de 700 ans ; & la derniere qui commence à la Naiſſance de N. Seigneur doit s'étendre juſqu'à la fin du Monde. Il faut remarquer qu'en tout ceci nous n'avons fait que des supputations fort grossieres, sans nous estre arrestés à rechercher beaucoup d'exactitude ou de precision. *L'Histoire Profane* à aussi trois ages considerables, par qui les Romains ont distingué tout le temps qui s'étoit passé avant eux : Le premier s'appelloit *l'Age obscur & Incertain*, le second *l'Age des Fables ou des Heros*, & le troisiéme *l'Age de l'Histoire.* Ils étendoient le premier jusqu'au temps *d'Ogyges Roi de l'Attique* qui vit sous son Regne un Deluge considerable en Grece, & qui selon l'opinion commune arriva environ deux mille deux cens ans aprés la creation du Monde. Le second âge vient jusqu'à *la premiere Olympiade*, c'est à dire environ trois mille deux cens ans aprés la Naissance de l'Univers; & c'est ou commence celui de l'Histoire. Il y a differentes manieres de conter les années de l'âge historique que l'on appelle des *Eres*, c'est à dire des suittes d'ans qui ont une certaine Epoque pour principe. La plus anciene de toutes est *l'Ere des Olympiades* dont l'Epoque se rencontre en l'année 776 avant la Naissance de Nôtre Seigneur ; Puis *l'Ere de la Naissance de la Ville de de Rome*, dont le commencement répond à la 753e année avant N. Seigneur ; Puis *l'Ere de Nabonassar* en l'année 747 ; *l'Ere de Methon* 443 ; *L'Ere de Callippe* 330 ; *l'Ere d'Alexandre le Grand* 324 ; Ainsi l'on trouve quatre cens vingt quatre années Egiptienes entre l'Epoque de l'Ere de Nabonassar & celle d'Alexandre ; *l'Ere des Grecs* appellée *Chittim* dans les Livres des Machabées 312 avant N.S. ; Puis *l'Ere de Jules Cesar* 45 ans ; Puis celle *de la Naissance de N. Seigneur* 1. ; Puis *l'Ere fixe des Egiptiens* 284 ans aprés la Naissance de N. Seigneur ; *l'Ere des Martyrs ou de Diocletien* 285 ; *l'Ere de l'Indiction* 322 ; *l'Ere des Armeniens* 552 ; *l'Egire* ou *l'Ere des Sarazins* qui est d'années Lunaires 622 ans aprés N. Seigneur ; & enfin *l'Ere Gregoriene* 1582.

Le Calendrier est une distribution des temps accommodée sous certaines marques aux usages des hommes. La maniere de partager le Temps est differente selon la diversité des Nations ; les Hebreux en usent d'une façon , les Grecs , les Romains &c. d'une autre. L'usage des Chrêtiens est en partie tiré des Hebreux & en partie des Latins. Ils gardent la forme de l'An des Romains établie par la correction de Jules Cesar ; Ils ont les mêmes mois, la même Intercalation d'un jour de quatre en quatre ans au VI des Calendes de Mars : Mais la celebration de la feste de Pâques qu'ils ont tirée de la Loy des Juifs , les contraint d'avoir egard au mouvement de la Lune aussi bien qu'à celui du Soleil. Car étant obligés par les decrets du Concile de Nicée de solemniser cette feste au plus prochain Dimanche qui vient immediatement aprés la quatorziéme Lune Paschale, c'eſt à dire celle qui ſuit l'Equinoxe du Printemps; il a fallu qu'ils ayent recherché dans chaque année le jour de l'Equinoxe, la Lune Paſchale dont le quatorziéme jour tombe ſur celui de l'Equinoxe ou immediatement aprés, & enfin le Dimanche plus proche aprés cette quatorziéme Lune. Pour cet effet ils ont établi le Siege de l'Equinoxe du Printemps au XII des Calendes d'Avril qui eſt le 21 Mars, s'imaginant qu'il ne changeroit jamais de place, parce qu'ils étoient perſuadés que l'année Solaire étoit preciſement de 365 jours & 6 heures. Puis ils ſe ſont ſervis de *l'Enneadecaeteride de Methon* c'eſt à dire du *Cycle de dixneuf années*, qu'ils ont diſpoſé, ſous le nom du *Nombre d'Or*, dans le Calendrier aux jours ou les Nouvelles Lunes arrivoient alors, dans la penſée que cette diſpoſition dût être perpetuelle & que les Nouvelles Lunes repriſſent preciſement les mêmes Sieges au bout de dix neuf ans. Et pour trouver tous les ans les jours du Saint Dimanche, ils donnerent à chaque jour du Calendrier une des ſept premieres Lettres de l'Alphabeth, les y diſpoſant dans leur ſuite naturelle depuis le premier juſqu'au dernier jour de l'année & établiſſant au même effet *un Cycle de vingt huit années* appellé *le Cycle Solaire*, par lequel il eſt facile de trouver la Lettre Dominicale de quelqu'année que ce ſoit. Voila en peu de mots la diſpoſition du Calendrier dont l'Egliſe s'eſt long-temps ſervie ſous le nom de *Vieux Calendrier* ou *de Calendrier Julien:* Mais comme la durée de l'année Solaire eſt en effet moindre que celle de 365 jours & 6 heures que les Anciens lui avoient donnée; la difference des deux, quoique moralement inſenſible, repetée neanmoins pluſieurs fois dans la ſuitte de quelques Siecles, s'ètoit à la fin renduë tellement conſiderable que l'Equinoxe du Printemps s'étant reculé de *dix jours* vers le commencement des mois, ne tomboit plus au 21 de Mars, mais à l'onziéme. Ainſi comme les Nouvelles Lunes tombent en effet prés d'une heure & demie plûtôt au bout de 19 ans, qu'elles n'arriveroient ſi cette periode étoit preciſe, l'on a reconu que par la repetition de cette difference, qui avoit été negligée par les Anciens dans la diſtribution du Nombre d'or au Calendrier, les Nouvelles arrivoient *quatre jours* plûtôt qu'elles ne devoient ſuivant les Sieges qui leur avoient été marqués. Ce qui apportoit deja beaucoup de confuſion dans la celebration des Feſtes, & qui s'augmentant de jour en jour auroit à la fin perverti l'ordre des Ceremonies de l'Egliſe, s'il n'y avoit été pourveu par les ſoins des Saints Pontifes. C'eſt donc à ce ſujet que ſous l'autorité du Pape Gregoire XIII, l'on fit *la Correction du Calendrier* en l'année 1582, que l'on a depuis appellée de ſon nom *Gregoriene*; par laquelle on remit l'Equinoxe au 21 Mars par *le retranchement de dix jours* ; & pour l'y faire demeurer à perpetuité, l'on ordonna qu'en toutes les années centenaires ou des Siecles, qui ne peuvent être divisées precisement par 400, l'on ne fit point *d'Intercalation*, laissant ces années comme 1700, 1800, 1900, 2100, 2200, 2300, 2500 &c. *communes*, quoi que de leur nature elles deussent être *Bissextiles* suivant la disposition de Jules Cesar. Deplus au lieu du Nombre d'Or, l'on a mis les trente nombres des *Epactes* dans le Calendrier, ou ils sont ingenieusement distribués dans leur suite retrograde depuis le premier jusqu'au dernier jour de l'année, & dont on peut maintenant se servir pour trouver les jours des Nouvelles Lunes en tout temps, pourveu que l'on ait le soin de donner à chaque Siecle la suite des Epactes qui lui convient.

Au reste comme par la multiplication du Nombre 28 du Cycle Solaire, par 19 du Cycle Lunaire, l'on a la somme de 532 ans, que l'on appelle *la Periode Victoriene* du nom de son Inventeur Victorius ; Ainsi multipliant les trois nombres 28, 19 & 15 *des Cycles Solaire*, *Lunaire* & *de l'Indiction*, l'on produit une autre periode de 7980 ans que l'on appelle *la Periode Juliene* du nom de Jules Cesar Scaliger qui en a parlé le premier : & à laquelle les Chronologistes Modernes raportent avec beaucoup de facilité toutes les differences des temps dont on trouve les marques dans les Histoires.

Il n'y a rien qui nous empêche de placer *l'Optique* sous la doctrine des choses Celestes, à raison principalement de son sujet qui est la *lumiere* le plus noble & le plus considerable effet du Soleil & des Astres, & qui seule presente à nos yeux les *Especes des Objets visibles*. L'Optique est donc une science qui explique les causes des differentes apparances d'un même objet. Il y a trois choses necessaires pour voir qui sont *l'Objet, le milieu & l'œil.* Voici les principales conditions qui sont necessaires à l'une & à l'autre pour bien voir: Que l'objet soit éclairé, opaque, éloigné raisonablement de l'œil, assés grand, opposé à l'œil & arrêté suffisament pour donner temps à le bien considerer: Que le milieu soit diaphane; & que l'œil soit sain, entier & d'une bonne conformation. Il se fait de chaque point de l'objet éclairé *un écoulement perpetuel d'espéces* ou de rayons visibles de toutes parts, qui passent avec une incroyable vitesse au travers des espaces qui sont autour de lui, en lignes droites, si ces espaces sont également diaphanes & d'une égale densité; Mais si ces espaces sont denses & diaphanes inégalement, les rayons se courbent & se rompent en certaine maniere; ils se reflechissent même & se detournent vers une autre part lors qu'ils rencontrent quelque corps opaque & solide qui les empêche de passer. Ces mêmes especes ou rayons visuels tombans de chaque point d'un objet sur la surface

face exterieure de l'œil, passent au travers des tuniques & des humeurs inégalement denses & diaphanes qu'il contient, & s'y rompent & recourbent de telle sorte qu'ils se rassemblent au fonds de sa cavité, ou ils forment la vive image de l'objet; En la même maniere que ces mêmes rayons entrans par un petit trou dans une chambre obscure, tracent sur un Tableau blanc opposé directement au trou, la figure parfaite des objets & leur donnent leurs veritables couleurs, quoique ce soit dans une situation renversée, à cause que les rayons qui partent des differens points de l'objet, se croisans l'un sur l'autre au trou de leur passage, ceux qui viennent de la droite de l'objet passent à la gauche, & ceux qui viennent du haut se trouvent en bas sur le Tableau. L'on peut considerer deux differentes *Pyramides* de ces rayons: La premiere s'appelle la *radieuse* dont le sommet est un des points de l'objet & la base est la surface exterieure de l'œil : l'autre est *la Pyramide optique* qui a la prunelle de l'œil pour sommet & l'objet entier pour base; où l'on voit que l'angle de cette Pyramide est plus grand à mesure que l'objet a plus de grandeur, & qu'il en forme par consequent une plus grande image au fonds de l'œil; Comme au contraire l'objet nous paroît plus grand à mesure que l'angle de cette Pyramide est plus ouvert. Ce qui fait qu'un même objet paroît moindre quand il est elogné, que quand il est proche : Que les objets inégaux paroissent de même grandeur s'ils sont en distances reciproquement proportionelles, &c. Au reste les objets paroissent toûjours moindres qu'ils ne sont en effet, parce que la raison de la diminution des angles est moindre que celle des élognemens de l'objet. Les rayons sont portés à l'œil *directement, par reflexion ou par refraction* : Ce qui fait qu'il y a trois parties principales de l'Optique. La premiere examine les proprietés de la vision directe & retient le nom *d'Optique*. La seconde est la *Catoptrique* pour la reflexion ; & la derniere la *Dioptrique* pour la refraction. La *Catoptrique* nous fait conoître les proprietés des *Miroirs Plans*, *concaves* ou *convexes*. Le principal des Axiomes de la Catoptrique est celui-ci. *L'Angle de reflexion est toûjours égal à l'angle d'incidence.* Les Miroirs plans ne changent que la situation des parties dans la figure de l'Objet, qui paroît au dela du miroir dans une distance égale à celle qui est entre le miroir & l'objet. Les Convexes diminuent la figure de l'objet & la font toûjours paroître au de la du miroir, quoi que ce ne soit pas dans la même distance. Les Concaves augmentent la figure, qui paroît quelquesfois au dela du miroir, & quelquesfois en deça entre l'œil & le miroir. *La Dioptrique* explique les proprietés des Lunettes qui peuvent par fois augmenter tellement l'apparence des objets, que l'on les voit clairement

& distinctement, quoi qu'autrement ils soient presqu'insensibles par leur petitesse ou par leur élognement. Le principal des Axiomes de la Dioptrique est celui-ci. *La raison des Sinus des Angles d'incidence aux Sinus des Angles de refraction, est toûjours la même.* Il y a beaucoup de diversité dans les refractions à cause de la diversité des milieux. *Les rayons qui passent d'un milieu rare dans un plus dense*, comme de l'air dans l'eau ou dans le verre, *se rompent en s'aprochant de la perpendiculaire par leur refraction.* Au contraire : *Les rayons s'éloignent de la perpendiculaire par leur refraction, lors qu'ils passent d'un milieu dense dans un plus rare*, comme de l'eau ou du verre dans l'air. *La raison de la refraction des rayons qui passent de l'air dans l'eau est telle que le Sinus de l'angle d'incidence est au Sinus de l'angle de la refraction comme 4 à 3*

La Perspective est aussi une des parties de l'Optique : C'est la projection des especes de l'Objet sur une surface, d'où l'apparence est portée à l'œil. Comme les rayons des parties d'un objet passant au travers d'un verre, y formeroient son image entiere, s'ils y laissoient quelques traces ou marques de leur passage ; Il faut faire le même jugement de la projection des especes sur une surface & s'imaginer que le Tableau mis entre l'œil & l'Objet à receu toutes les especes, qui ont depeint sur lui l'image entiere de l'objet. C'est ce que l'on fait par les regles de la Perspective, qui enſeigne à tracer ſur le Tableau la figure de l'Objet apparant, dont elle trouve tous les points dans l'interſection de certaines lignes droites. Le point principal que la Perſpective établit pour cet effet dans le Tableau eſt celui que l'on appelle *le Point de vûë*, ſur qui tombe la perpendiculaire qui vient de l'œil ſur le Tableau. *La Ligne de vûë* eſt une droite qui paſſe par ce point & qui eſt parallele a l'horiſon. *La ligne de Terre* eſt au bas du Tableau & parallele au même horiſon. *Le Point de diſtance* ſe prent ſur la Ligne de vûë, autant élogné du point de vûë, que l'œil du regardant l'eſt du Tableau. Voila les points & les Lignes qui ſervent de fondement à la Perſpective : laquelle prend enſuite des points ſur la Ligne de terre autant élognés l'un de l'autre que le ſont les parties de l'objet, puis menant deux droites de chacun de ces points l'une au point de vûë, & l'autre à celui de diſtance; Elle determine le point de l'objet qui leur repond dans le Tableau à l'endroit ou ces deux lignes s'entrecoupent. Il y a trois differentes manieres principales de repreſenter un objet : La premiere eſt *l'Ichnographie*, qui eſt la Section commune des parties de l'objet & du plan horizontal, ce qui fait que l'on l'appelle pour ce ſujet, *Le plan, ou le plan Geometral de l'objet* : la ſeconde eſt *l'Ortographie*, qui eſt la commune Section des parties de l'objet & du plan vertical, que l'on appelle auſſi le profil ou l'élevation de l'objet : la troisiéme est la *Scenographie* ou *Sciographie*, qui est la projection des parties de l'Objet sur un plan, que l'on nomme aussi le *Plan racourci* ou *le Plan perspectif* de l'objet. *La Peinture & la Sculpture* se rapportent à la Perspective. Les parties principales de la *Peinture* sont *l'Invention*, *l'Ordonnance*, *le Dessein* & *le Coloris*.

Il faut parler maintenant de la seconde partie de la *Cosmographie*, c'est à dire, de la *Geographie* qui est la description du *Globe Terrestre* environné de terre & d'eau dans sa surface exterieure. Ce Globe est de figure ronde, qui a *les Poles*, *l'Equateur*, *les Tropiques*, *& les Cercles Polaires* entierement semblables & repondans à ceux qui sont marqués dans la Sphere. Il a ses *Meridiens*, qui passant par les Poles coupent l'Equateur en parties égales. *Le premier Meridien* passoit autrefois par les *Isles Fortunées* : Mais à present on commence à les conter de certaines Isles qui sont plus Occidentales que les Fortunées & que l'on appelle *les Açores*. Ces Cercles Meridiens s'appellent aussi *les Cercles de Longitude*; parce que la longitude d'un lieu se conte par la distance qui est entre le Meridien de ce lieu & le premier. Il a ses *Cercles de latitude* que l'on appelle aussi *des Paralleles* également élognés de l'Equateur & coupans le premier Meridien en portions égales ; Ils determinent *la Latitude* ou *l'Elevation polaire de chaque lieu* ; c'est à dire la distance qui est entre le parallele de ce lieu & le Cercle Equinoxial ; ou celle qui est entre l'horison & le Pole. Car ces deux distances sont égales. Deplus il y a *Cinq Zones* sur le Globe terrestre, separées par les Tropiques & par les Polaires : *Les deux froides* sont enfermées entre les Polaires de chaque côté : *les deux temperées* sont entre les Polaires & les Tropiques : & *la Torride* est entre les deux Tropiques, separée par l'Equateur en deux parties égales. Ceux qui habitent sous un même parallele sont appellés *Perièces* : Ceux qui habitent sous deux paralleles opposés sont les *Antéces* ; & ceux qui habitant deux paralleles opposés se repondent diametralement l'un à l'autre, sont appellés *Antipodes*.

Maintenant comme le *Globe terrestre* entier est composé de deux parties principales qui sont *la Terre & l'Eau* ; la Geographie a aussi les deux siennes dont la premiere conserve le nom de *Geographie* qui fait la description des *Terres*, soit des *Continents* soit des *Isles* ; & l'autre s'appelle *l'Hydrographie* qui décrit les Mers , les Fleuves , les Lacs , & les *autres Eaux* qui environnent ou qui coulent au travers des Terres. Il y a *deux Continents*, *le Vieux & le Nouveau* : l'Ancien est enfermé des Mers *Germanique*, *Britanique* , *Athlantique*, *Africaine*, *Persiene*, *Indiene*, *Chinoise & Septentrionale*. Elle a trois parties *l'Europe* , *l'Asie & l'Afrique*. Le Nouveau porte le nom de *l'Amerique* qui est enfermé de la *Mer Pacifique* & *de l'Ame-*

ricaine. Elle a aussi deux parties principales qui sont *le Perou* ou *l'Amerique Meridionale*, & la *Mexique* ou *l'Amerique Septentrionale*. Les principaux Etats de l'Europe sont *l'Espagne*, *la France*, *l'Angleterre*, *l'Alemagne*, *l'Italie*, *la Hongrie*, *la Grece*, *la Trace*, *la Pologne*, *la Suede*, *le Danemarck &c.* l'Asie a les *Empires du Turc*, *du Persan*, *du Mogol*, *des Tartares*, *des Chinois* &c. l'Afrique a *l'Egipte*, *la Mauritanie*, *l'Ethiopie* &c. Les principaux Fleuves de l'Europe sont *le Danube*, *le Boristene*, *le Volga*, *le Don* ou *Tanaïs*, *le Rhein*, *le Rhone*, *le Pau*, *l'Hebre*, *le Tage &c.* Ceux de l'Asie sont *l'Eufrate*, *le Tigre*, *le Phase*, *l'Araxe*, *l'Inde*, *le Gange*, *&c.* Ceux de l'Afrique sont *le Nil*, *le Niger &c.* Ceux de l'Amerique sont la *Riviere des Amazones*, *celle d'Orenoque*, *celle de S. Laurent*, *le Rio de la Plata &c.* Outre les Mers qui environnent les Continents, Il y en a d'autres qui s'étendent dans les Terres, comme *la Mediterranée* entre l'Europe & l'Afrique; le *Golphe Arabique* entre l'Afrique & l'Arabie; *le Sein Persique* entre l'Arabie & la Perse, *la Mer Baltique*, *la Mer Noire*, que l'on appelle autrement *le Pont Euxin*, *la Mer Caspie*, *les Palus Meotides &c.* La Mer Athlantique communique avec la Mediterranée par le *Detroit de Gibraltar*, le Pont Euxin avec la Mer Egée par le *Canal de la Mer Noire* ou *le Bosphore de Trace*; les Palus Meotides avec le Pont-Euxin par le *Bosphore Cymmerien*, que l'on appelle autrement *le* *detroit de Caffa* ; la Mer Baltique avec la Germanique par le *Bosphore Cimbrique* que l'on appelle autrement *le Sundt* ; la Mer Pacifique avec l'Amerique par *le Detroit de Magellan* ; & l'on croit que la Mer Orientale communique avec celle du Nort par *le* D*etroit Anian*. Il y a outre cela des grands Lacs , grand nombre d'Isles, & mille autres choses qu'il seroit trop long de rapporter ici. Je dirai seulement que la description d'un païs s'appelle *Chorographie* & *Topographie* celle d'un lieu particulier.

La Navigation fait partie de l'hydrographie, quoi qu'elle tire beaucoup de choses de l'Astronomie pour son usage. Elle a trois parties considerables, qui sont la *Construction, l'Armement & la conduite des* Vaisseaux. *La Construction* doit necessairement procurer quatre avantages aux Navires, sçavoir *La sûreté , la comodité , la facilité du mouvement & la beauté :* Ce qui vient pour la plus part de la *Figure* du Vaisseau & de la disposition de de ses materiaux. Il y a plusieurs especes de Navires qui se reduisent neanmoins à deux , c'est à dire aux Vaisseaux de *Voile* ou *de Rame*. Les principales parties d'un Navire sont *la Quille, le Tillac, les Côtés , l'Avant* ou *la Prouë, l'Arriere* ou *la Poupe, le Gouvernail, les Mats, les Antenes* ou *Vergues &c* ; Il doit y avoir telle proportion de grandeur & de situation entre ces choses qu'elles puissent produire les quatre conditions necessaires que nous

avons

avons raportées cy-devant. *L'armement fournit l'Equipage & les Munitions*, c'eſt a dire tout ce qui eſt neceſſaire à la Navigation. Sous ce mot d'Equipage ſont compris les hommes qui ont leurs emplois differens dans un Navire : les principaux ſont le Capitaine, le Lieutenant, le Pilote, puis l'Ecrivain, le Maître, le Contre-Maître, les Matelots, Soldats, Paſſagers &c. Les proviſions qui ſe conſomment ſont les *Munitions de Guerre & de bouche*. Celles qui ne ſe conſomment pas ſont les Voiles, les Cordages, les Poulies & mille autres choſes qui ſont en grande quantité & dans une admirable diſpoſition. *La figure des Voiles* eſt differente ſelon la difference des Navires. Les grands Vaiſſeaux ont ordinairement quatre Mats principaux, qui en ont d'autres ſur eux que l'on appelle *Mats de Hune* : ils ſont ordinairement dix en tout: Leurs voiles ſont quarrées à la reſerve de celle de l'Artimon ſur l'arriere qui eſt triangulaire. *Les Galeres* n'ont que deux Mats, & leurs Voiles ſont auſſi triangulaires, que l'on appelle *Voiles Latines*. Chaque Navire à ſes *Ancres* pour l'arrêter au port & aux rades & ſe ſoutenir contre la force du Vent & des Vagues. Il a *ſes Sondes* qui ſervent à conoître la hauteur & la nature du fond de la Mer. Voici ce qui appartient principalement à la *Conduite*, l'Art de manier les Voiles que l'on appelle la *Manœuvre*, l'uſage de la *Bouſſole*, la conoiſſance de *Cartes Marines*, la ſcience de prendre les *hauteurs du Soleil & des Etoiles*, *le Sillage* ou l'estime du chemin que l'on a fait, &c. Par *la Manœuvre* on peut faire aller le Navire de toutes parts & même au plus prés du Vent, contournant les voiles & les vergues à propos, les bandant, les relachant, les haussant, les baissant &c. pour aller *vent arriere, à la bouline, à la cappe &c.* Et c'est principalement à cet effet que l'on employe cette incroyable quantité de cordages, de poulies & d'autres choses dont nous avons parlé ci-devant. Il y a dans la *Boussole* une *Aiguille* legere touchée de *l'Aymant* qui se mouvant librement en equilibre & dans sa situation horisontale sur un pivot, se tourne toûjours d'elle-même vers la partie du Monde qui est au dessous *du Pole Arctique*. Cette aiguille est enchassée dans un petit cercle de papier qui tourne avec elle & dont la circonference est divisée en trendeux parties égales que l'on appelle la *Rose des Vents*. Les quatre vents principaux qui y sont marqués sont ceux qui soufflent des quatre parties Cardinales de la Sphere, sçavoir *l'Orient, le Midi, l'Occident & le Septentrion* : les autres souflent des regions qui sont entre celles-la. Voici les noms qu'ils ont dans la Mer Oceane, *Est* qui vient d'Orient, *Sud* du Midi, *Oüest* d'Occident & *Nort* du Septentrion. Ainsi *Sud-Est* entre le Midi & l'Orient, *Sud-Oüest* entre le Midi & l'Occident, *Nort-Oüest* entre le Septentrion & l'Occident, &

Nord-Est entre le Septentrion & l'Orient. Les noms des autres vents sont composés de ceux-ci : comme *Est Sud-Est*, *Sud Sud-Est* ; *Oüest Sud-Oüest*, *Sud Sud-Oüest* : *Oüest-Nord-Oüest* ; *Nord Nord-Oüest* ; *Est-Nord-Est*, *Nord-Nord-Est* &c. Les mêmes Vents ont d'autres Noms dans la Mer Mediterranée qui repondent à ceux de l'Ocean en cette maniere. Est s'appelle *Levante*, Sud *Mezogiorno*, Oüest *Ponente*, Nord *Tramontana*, Sud-Est *Siroco*, Sud-Oüest *Libeccio*, Nord-Oüest *Maestro*, Nord-Est *Greco*, Est Sud-Est *Levante Siroco*, Sud Sud-Est *Mezogiorno Siroco* : Oüest Sud-Oüest *Ponente Libeccio*, Sud-Sud-Oüest *Mezogiorno Libeccio* : Oüest Nord-Oüest *Ponente Maestro*, Nort Nord-Oüest *Maestro Tramontana*, Est Nord-Est *Greco levante*, Nord Nord-Est, *Greco Tramontana &c.* Tous les autres noms se font par la Composition de ceux-ci. Les Lignes de la direction de tous ces Vents sur la Roze de la Boussole & sur les Cartes Marines s'appellent des *Rhombes* ou des *Rhums* des Vents. *Les Cartes Marines* nous donnent la conoissance de la situation *des Mers*, *des Côtes*, *des Bayes*, *des Caps* ou *Promontoires*, *des Detroits*, *des Golfes*, *des Ports*, *des Rades*, *des Moüillages*, *des Courans*, *du Flux & Reflux*, *des Isles*, *des Ecueils*, *des Roches sous l'eau*, *des Vents qui regnent le plus en certaines Côtes &c.* Elles enseignent la *Loxodromie*, & par quel Rhum de Vent, le Navire peut aller d'un lieu à un autre ? Qu'elle est la grandeur des degrés en chaque parellele ? &c. La *ſcience* de prendre les hauteurs tant du Soleil que des Etoiles, ſert à conoître la Latitude du lieu ou l'on ſe trouve. *Le Sillage* ou l'eſtime du chemin que l'on a fait contribuë à trouver la Longitude, que l'on conoît bien plus aſſurement par les tables & les obſervations exactes que l'on peut faire des *Immerſions des Satellites de Jupiter.*

Enfin comme tous les Corps, dont la maſſe entiere du Globe terreſtre eſt compoſée, ſe reſſentent en leur particulier de quelques unes des proprietés de la Quantité ; Nous croïons pour ce ſujet que les autres parties de la Mathematique mixte, qui examinent la nature de la Quantité dans tous ces Corps ſinguliers, peuvent être legitimement rapportées à la Geographie, telles que ſont la *Mecanique*, *la Muſique*, *l'Architecture*, *l'Art Militaire &c.*

La Mecanique eſt la Science de faire commodement mouvoir les Corps peſans. C'eſt donc elle qui examine les proprietés de *la peſanteur*, puis celles du *mouvement*, & qui enſuitte enſeigne le moyen de donner le mouvement aux choſes peſantes. Les principales proprietés de la peſanteur ſont celles-ci. *Tous les Corps terreſtres & l'Air même & le Feu ſont portés en bas par leur peſanteur. Tout Corps plongé dans un Liquide perd autant de ſa propre gravité qu'il y avoit de poids dans le Liquide dont il occupe la place. Les poids égaux peſent éga-*

lement s'ils ſont mis à diſtances égales. Les poids inégaux peſent auſſi également ſi la raiſon de leurs poids eſt reciproque de celle de leurs diſtances. Une puiſſance peut mouvoir un poids, ſi la raiſon de la viteſſe du mouvement de la puiſſance à celle du mouvement du poids, eſt la même que celle du poids à la puiſſance, &c. Celles du mouvement ſont celles-ci : Le mouvement eſt *égal* c'eſt à dire *Uniforme*, ou *Inegal*. L'égal appartient proprement aux Corps celeſtes qui ſe meuvent en rond. Les mouvemens des Corps terreſtres ne ſont point uniformes mais inégaux, ſoit qu'ils ſoient mouvemens des Corps ou des poids qui *tombent*, ou de ceux qui ſont *jettés*. La Viteſſe du mouvement *d'un Corps qui tombe s'augmente inceſſament de telle ſorte qu'à chaque moment de temps égaux, il aquiere un nouvel accroiſſement de viteſſe.* Dela vient que les *Eſpaces qu'il parcourt en temps égaux ſont entr'eux en la raiſon doublée des temps : Que les mémes eſpaces parcourus en temps égaux ſe ſuivent dans la progreſſion de premiers Nombres impairs : Que les temps de la chûte ſont entr'eux comme les viteſſes aquiſes.* La viteſſe du mouvement *d'un Corps jetté en haut diminuë dans la proportion contraire.* Les Vibrations *des poids qui pendent à des cordes égales ſont Iſochrones*, c'eſt à dire qu'elles ſe font ſous des temps égaux. *Les quarrés des temps des Vibrations des poids pendans à des Cordes inégales ſont comme les longueurs des mémes cordes.* La Ligne que le poids *jetté décrit par son passage est la Parabolique.* La plus grande *de toutes les projections faites d'un même poids par une même puissance est celle qui se fait sous l'élevation de quarante cinq degrés. Les amplitudes des Paraboles*, c'est à dire les grandeurs des projections d'un poids jetté par une même puissance, *qui se font sous l'élevation des Angles également élognés au dessus & au dessous du demidroit, sont égales.* Les Instrumens les plus simples dont la Mecanique se sert pour imprimer le mouvement aux choses pesantes sont ceux-ci. *La Balance, le Levier, la Poulie, l'Aissieu dans la roüe, le Coin & la Viz.* Toutes les Machines sont faites ou de la composition ou de la multiplication de ceux-la. Tous les Arts que l'on appelle *Arts Mecaniques* se raportent à cette partie de la Mathematique mixte.

La Musique recherche & explique la proprietés *des Sons.* Le Son est un *frapement de l'air qui touche le sens de l'ouïe.* Les Sons qui apartiennent au *Chant* sont differens par la raison *du Grave & de l'Aigù.* Le Chant est fait *de Sons & de Temps* ou *Mesures.* L'on explique facilement les proprietés des Sons par le *Monochorde* qui est un Instrument fait de plusieurs Cordes égales en longueur & grosseur & également tenduës. Le premier mélange des Sons est celui qui se fait de deux de ces cordes touchées ensemble, on l'appelle *l'Unison* dont les termes sont comme 1 a 1. Le second est *l'Octave* ou *le Diapason* qui naist de l'atouchement d'une Corde & de la moitié d'une autre ; ses termes sont comme 2 à 1. La division *Harmonique* de l'Octave produit *la Quinte* ou *Diapente*, dont les termes sont comme 3 à 2 ; & la *Quarte* ou *Diatessaron* qui a ses termes comme 4 à 3. La Quinte divisée harmoniquement produit le *Diton* ou la *Tierce majeure* comme 5 à 4; Et le *Semi-diton* ou la *Tierce mineure* comme 6 à 5. Enfin par la division de la Tierce mineure l'on a le *Ton* comme 9 à 8, & le *Demi-ton* ou *la Diese* comme 25 à 24. Le premier intervalle & le moindre dans le chant ordinaire est le *Demi-ton* : le second est le *Ton* : le troisiéme est la *Tierce mineure* faite d'un ton & d'un demi-ton : le quatriéme *la Tierce majeure* de deux tons : le cinquiéme est *la Fausse-quarte* d'un ton & deux demi-tons : le sixiéme *la Quarte* de deux tons & d'un demi-ton : le septiéme *le Triton* de trois tons : le huitiéme *la Fausse-quinte* de deux tons & deux demi-tons : le neuviéme *la Quinte* de trois tons & d'un demi-ton : le dixiéme *la Sixte* ou *Sixiéme mineure* de trois tons & deux demi-tons : l'onziéme *la Sixte* ou *Sixiéme majeure* de quatre tons & d'un demi-ton : le douziéme *la Septiéme mineure* de quatre tons & deux demi-tons : le treiziéme *la Septiéme majeure* de cinq tons & d'un demi-ton : & enfin le quatorziéme est *l'Octave* de cinq tons & de deux demi-tons. Entre ces intervalles il y en a que l'on appelle *des Consonances* qui sont agreables à l'ouïe comme l'unison, l'Octave, la Quinte, la Tierce majeure, la Tierce mineure, la Sixiéme majeure & la Sixiéme mineure. Toutes les autres sont *Dissonances* dures & desagreables à l'oreille, à la reserve de *la Quarte* qui est par fois Consonance & par fois Dissonance. Il y a trois genres dans *la Musique* sçavoir *le Diatonique*, *le Chromatique & l'Enharmonique*. Le premier marche par tons & par demi-tons: le second partage chaque ton en deux demi-tons: & le troisiéme divise chaque demi-ton en deux parties. Le Chant ordinaire se fait toûjours dans le genre Diatonique; les deux autres ne servent qu'à adoucir la dureté du premier. Il y a sept *Voix* ou *Notes* dans la pratique moderne de la Musique qui sont *ut*, *re*, *mi*, *fa*, *sol*, *la*, *si*, qui remplissent l'Octave & qui par la seule repetition peuvent suffire pour toutes sortes de chant, de quelque extension qu'il puisse être. *Les Intervalles* entre les Notes *mi*, *fa* & *si*, *ut*, sont demi-tons, tous les autres sont des tons. Il y a aussi sept Lettres *A*, *B*, *C*, *D*, *E*, *F*, *G*, que l'on suppose être successivement posées tant sur les *Lignes paralleles* que dans leurs *Intervalles*. Ces paralleles & leurs Intervalles portent *les Figures des Notes du Chant*. Ces trois Lettres *C*, *F*, *G*, s'appellent *Clefs*, qui posées sur une des paralleles marquent les Sieges des autres Lettres qui se content en montant dans leur ordre naturel, & dans le retrograde en descendant. Ces Lettres repetées, tant en montant qu'en descendant

cendant composent ce qu'en Musique on appelle *l'Echelle* ou *la Gamme*. Voici celle des Modernes ; dans laquelle chaque Lettre est accompagnée de deux Notes seulement : La derniere file de ces Notes appartient au Chant que l'on appelle de *B Quarré*, qui est entierement Diatonique : & la premiere est pour celui de *B Mol*, qui a quelque chose de Chromatique. Ces voix sont exprimées sur des lignes paralleles, par des Notes, dont les figures sont diverses selon la diversité des *Temps de leur durée* & des *mesures* qu'elles signifient. *La durée* des Notes se rapporte principalement à deux especes sçavoir à la *Mesure double*, & à la *Mesure triple* dont les termes se divisent en plusieurs particules qui demeurent pourtant toûjours dans la même espece de mesure. La disposition des demi-tons fait sept differentes especes d'Octaves qui commencent chacune par l'une des Lettres de l'Echelle. Le chant renfermé dans chacune de ces especes d'octave s'appelle *Mode*. Il y a douze modes sçavoir six *Autentiques* ou *Directs* qui naissent de la division harmonique de l'Octave, & six que l'on appelle *Plagaux* ou *Obliques* qui viennent de l'Octave divisée Arithmetiquement. La *Note finale du Chant* marque la nature & la Lettre du mode, on l'ap-

A.	mi.	la.
B.	fa.	si.
C.	sol.	ut.
D.	la.	re.
E.	si.	mi.
F.	ut.	fa.
G.	re.	sol.

pelle la *Note fondamentale :* la Note qui divise l'Octave du mode en quinte & en quarte s'appelle *la Dominante ;* & celle qui divise, dans la même Octave, la Quinte en Tierce majeure & Tierce mineure s'appelle la *Mediante.*

L'Architecture est l'Art de bien bâtir. Un Bâtiment pour être bon, doit avoir ces quatre conditions sçavoir : qu'il soit *sain*, *solide*, *commode* & *agreable :* le choix du lieu & la situation des membres du bâtiment vers les parties du Ciel d'ou soufflent les vents les plus sains, contribuent à la *Salubrité. La Solidité* s'aquiert par les fondations fortes, massives & faites sur le ferme ; par la grosseur suffisante des murs & par leur construction à plomb & de niveau ; par le bon choix & le melange fait à propos des materiaux, comme du bois, des pierres, de la chaux, du sable &c. ; & par l'assemblage & la liaison de toutes les parties faite de telle maniere, que le tout ne fasse qu'un Corps ferme, stable & tel qu'il ne s'en demente jamais aucune chose. *La Comodité* vient de la belle disposition des Jours & des ouvertures, comme des Portes, Fenestres, Escalliers &c ; Et de la distribution de tous les membres du bâtiment faite en sorte qu'ils soient proportionés l'un à l'autre, degagés & assés grands pour les usages ausquels ils sont destinés. *La beauté* est enfin produite par l'agreable disposition des jours ; par l'union, la Symmetrie & la proportion du tout au tout, du tout à ses parties & des parties entr'elles; & par le choix des plus beaux ornemens & qui conviennent le mieux à la nature & à la dignité de l'Edifice. Il y a des Bâtimens *publics* & d'autres qui sont des particuliers. Les publics servent à *la Religion* comme les Temples, les Eglises, les Chapelles, les Hôpitaux, les Cloitres, les Sepultures &c. Ou à la *sûreté Publique* dont les proportions & la figure sont enseignées par *l'Art des Fortifications* que l'on appelle aussi *l'Architecture Militaire.* Ou bien à la *Commodité* comme sont les Ponts, les Chemins, les Chaussées, les Ports, les Digues, les Moles, les Bains, les Places Publiques, les Basiliques, les Palais, les Fontaines, les Aqueducs &c. Ou enfin à *l'Ornement, à la magnificence ou au plaisir*, Comme sont les Arcs de Triomphe, les Obelisques, les Pyramides, les Thermes, les Theatres, les Amphitheatres, les Cirques, les Portiques &c. Le plus bel & le principal ornement de l'Architecture est *la Colonne* & ce qui depend d'elle. Toute une *façade d'Ordonnance* a quatre parties Sçavoir *la Colonne, le Piedestal, l'Entablement & le fronton.* Chacune de ces parties se divise de rechef en trois: Celles de la Colonne sont *la Base, le Fust & le Chapiteau*: Celles du Piedestal sont *la Baze, le Tronc* ou *le Dé & la Corniche*: Celles de l'Entablement sont *l'Architrave, la Frize & la Corniche*; & celles du Fronton sont le *Tympan, la Corniche & les Acroteres.* Il y a *Cinq Ordres* de Colones, Sçavoir: *le*

Toſcan qui a la ſimplicité ſolide pour caractere ; *le Dorique* d'une fermeté maſle & vigoureuſe ; *l'Ionique* d'une dignité Majeſtueuſe de Matrone ; *le Corinthien* d'une delicateſſe virginale ; & *le Composé* dans lequel on peut employer les Ornemens de tous les autres Ordres. La marque du Toſcan eſt donc ſa *ſimplicité* & le petit nombre de parties & de moulures ; Celle du Dorique ſont les *Triglyphes* & *les Metopes* dans la Friſe & *les Mutules* ou *Modillons* dans la Corniche ; Celle de l'Ionique ſont *les Volutes* du Chapiteau & les *Denticules* dans la Corniche ; Celle du Corinthien eſt le *Chapiteau en forme de panier revetu de feüilles & de Caulicoles* ; & celle du Composé eſt *aux Volutes du Chapiteau Ionique poſées ſur les feüilles du Chapiteau Corinthien.*

L'Art Militaire enſeigne les manieres de *bien faire la Guerre* ; Qui conſiſtent à *lever*, *entretenir & faire Combatre une Armée.* Une Armée eſt principalement compoſée *d'Officiers & de Soldats*. Les Officiers ordinaires ſont *le General*, *les Lieutenans Generaux*, *les Maréchaux de Camp*, *Maréchaux de Bataille*, *Brigadiers*, *Colonnels*, *Maiſtres de Camp*, *Capitaines*, *Lieutenans*, *Enſeignes*, *Sergens*, *Caporaux &c.* Qui ſont tous ſous-ordonnés l'un à l'autre. Les Soldats ſont *à pied* ou *à Cheval* que l'on appelle autrement *Infanterie* ou *Cavallerie*. Ils ſont tous diſpoſés par *Brigades*, les Brigades par *Regimens*, les Regimens par *Compagnies* ; & les Compagnies par *Eſ-*

cadres ou *Escoüades.* Les Soldats d'Infanterie sont *Mousquetaires* ou *Piquiers.* L'Art Militaire donne *les Ordres* pour *Marcher, Camper & Combattre* avec avantage. Ses principales parties sont celles-ci : *La Castrametation, la Tactique, l'Artillerie* & *l'Architecture Militaire.* La Castrametation ou *l'Art des Campemens*, s'applique au choix & à la Fortification des *Postes* pour le logement de l'Armée qui soient sains, commodes, avantageux & abondans de toutes les choses necessaires comme sont les Eaux, les Vivres, les Fourages &c. La Tactique met les Troupes en bataille. Elle divise l'Armée en *Escadrons* de Cavallerie & en *Bataillons* d'Infanterie. Elle enseigne les *mouvemens* necessaires pour prendre ses avantages dans un Combat ; au Soldat en particulier, en lui rendant familier l'usage de ses Armes par les *Exercices*, au Bataillon par les *Evolutions*, & à toute l'Armée par les *Ordres de bataille. L'Artillerie* enseigne *la Fabrique* & le *Service des Canons. La Fabrique* appartient principalement *à l'Art de la Fonderie.* Il y a de gros Canons & de petits, les gros sont *Canons de Batterie, Coulevrines, Batardes, Moyennes, Pieces de Campagne, Faucons, Sacres, Fauconeaux &c.* Les petits sont les *Arquebuses à croc, les Mousquets, les Fusils, les Mousquetons, les Carabines, les Pistolets &c.* Il y a outre cela *les Mortiers* qui servent à jetter les *Bombes, les Carcasses, les Grenades &c.* Il y a les *Petards*, que l'on employe à briser, rompre, enfoncer les portes, les barrieres &c. *La Pyrotechnie* ou *l'Art de faire la Poudre & les feux d'Artifice*, est aussi de la dependance de l'Artillerie. L'Architecture Militaire que l'on appelle autrement les *Fortifications*, & qui est ainsi que nous avons dit ci-devant, la partie de l'Architecture qui sert à la seureté publique, est un Art qui enseigne la maniere d'enfermer une place de Bâtimens, construits & disposés de telle maniere, qu'un petit Nombre d'hommes s'y puisse défendre contre l'attaque d'un plus grand. Ce qu'elle fait en l'environnant tout au tour d'une fermeture *de Bastions*, *de Ramparts*, *de Murailles*, *de Fossés &c.* & opposant aux assaillans des *Ouvrages & des Travaux* de toutes les manieres au dela du fossé que l'on appelle *Des Dehors*, comme sont les *Ravelins*, *les Demi-Lunes*, *Contregardes*, *Lunettes*, *Tenailles*, *Ouvrages à corne*, *Ouvrages à couronne*, *Redens*, *Traverses*, *Contremines*, *Contr'aproches &c.* Voici les principales Maximes de la Fortification. Qu'il n'y ait aucun endroit dans l'Enceinte de la Place qui ne soit Flanqué. Que les flancs soient assés grands pour contenir les hommes & le Canon necessaires à la défense des Lieux Flanqués; assés proches pour les pouvoir défendre à coups de mousquet; & assés forts pour resister au Canon des Ennemis. Qu'il n'y ait aucun endroit aux environs de la place à la portée de Mousquet ou l'Ennemi puisse demeurer à couvert: &c.

Au reste, MONSEIGNEUR, Il ne faut pas que vous attendiés que je vous enseigne à fonds toutes ces Sciences, non seulement parce que le Cours de la vie humaine à trop peu de durée pour arriver à leur conoissance parfaite, quelque soin & quelqu'Etude que l'on y puisse employer ; Mais parce principalement qu'il n'est pas à propos d'occuper entierement vôtre esprit par ces seules meditations, & lui ôter le temps de se remplir d'une infinité d'autres lumieres, qui vous sont bien plus necessaires, pour pouvoir dignement, dans la conduite de vôtre vie, suivre les traces qui vous sont si bien marquées par toutes les actions du Roy.

Je tâcheray donc de vous faire comprendre celles dont la connoissance vous est en quelque façon necessaire ; de vous entretenir de celles qui vous peuvent être Utiles dans les temps, ou qui peuvent vous donner du plaisir ; & de vous donner quelque lumiere des autres, & autant seulement qu'il vous en faut pour sçavoir ce qu'elles sont, & quels sont les sujets principaux qu'elles considerent.

C'est dans cette veuë que je vous ay composé des Traités particuliers de ces parties des *Mathematiques* dont la conoissance vous peut être ou necessaire, ou utile, ou même agreable ; dans lesquels j'ay tâché d'éclaircir autant qu'il m'a été possible, les choses qui sont obscures par elles mêmes, & de rassembler ce que l'on trouve de plus beau dans les divers endroits des Livres qui en ont traité. Et pour ce qui regarde les autres parties des *Mathematiques*; Je me contenteray d'en discourir avec vous, plûtost par maniere de divertissement & pour satisfaire à vôtre curiosité que par étude, vous en découvrant les plus belles proprietés aux occasions & à proportion du plaisir que vous y prendrés.

TRAITÉ DE GEOMETRIE:

ET PREMIEREMENT DE LA GEOMETRIE SPECULATIVE.

LA GEOMETRIE est une ſcience qui conſidere la Quantité continue par elle-même, & ſans la ſuppoſer engagée dans aucun ſujet ſenſible, & c'eſt en ce ſens qu'elle fait partie de cette Mathematique que l'on appelle pure. Il y a de deux ſortes de Geometrie, ſçavoir : *La Speculative* & *la Pratique*. La Speculative ſe contente de la recherche des proprietés & des differentes affections de ſon ſujet, à la conoiſſance deſquelles elle ſe termine. Mais la Pratique employe les conoiſſances acquiſes & qui lui ſont fournies par la Speculative & s'en ſert pour les uſages & les beſoins de la vie.

C'eſt, MONSEIGNEUR, dans le Livre *des Elemens d'Euclide*, dont vous avez leu la meilleure partie avec plaisir, que vous avez pû voir la principale application de *la Geometrie Speculative*. Ses principes y sont deduits avec un ordre & un enchainement admirable de propositions demontrées, qui servent de base aux resolutions les plus relevées des Mathematiques ; ce qui fait que l'on leur donne ordinairement le nom d'Elemens de Geometrie. Quoy, qu'à dire le vray, il soit aisé à ceux qui les examinent de prés, de conoître que cet Auteur n'a pas pretendu que son Livre prît le nom de Principes ou d'Elemens de *la Geometrie* ou de *la Mathematique Universelle*, qui est celui que quelques-uns de ses Interpretes lui ont donné : Mais bien le nom de Principes ou d'Elemens de cette partie de Geometrie qui se termine à la conoissance des proprietés contenuës dans les cinq Corps reguliers, dont vous apprendrés les deffinitions dans la suitte. Parce que suivant le sentiment de l'Ecole des *Platoniciens* dont il êtoit, cette doctrine devoit être le but unique des *Meditations Mathematiques* ; s'imaginant que Dieu avoit renfermé dans l'estendue des proportions de ces cinq Corps, tout ce qu'il y avoit de plus mysterieux dans la nature & dans la creation même de l'Univers.

Il ne faut donc pas s'êtonner qu'il y ait diverses propositions êlementaires qui ne se trouvent pas dans son Livre ; dans lequel au contraire il se trouve un assés bon nombre de Propositions

tions, qui n'ont presque point d'usage dans les Mathematiques, que par relation à la doctrine des cinq Corps qu'il s'étoit proposée.

Euclide n'est pas le seul des Anciens qui ait écrit des Elemens de Geometrie : mais comme leurs ouvrages ne sont pas venus jusqu'à nous, & que celui de Mr. de Roberval qui renferme tout ce qui se doit conoître sur cette matiere, n'est pas encore en état de paroître en public; il faut se contenter de ceux d'Euclide, qui d'ailleurs ont assés amples pour vous instruire suffisament de ce qui vous peut être necessaire sur ce sujet.

Ce Livre des Elemens d'Euclide, est un amas de propositions demontrées sur des principes indubitables, lesquelles contiennent les premieres & les plus simples affections & proprietés de la quantité continue. Ces propositions sont pour cette raison appellées Elementaires comme les plus simples, & celles enquoy les plus composées & les plus abstractes de la Mathematique peuvent être à la fin resoluës. Comme on appelle la Terre, l'Eau, l'Air & le Feu, les quatre Elemens de Physique, parce que l'on croît que tous les corps naturels peuvent être à la fin resolus dans l'un de ces quatre premiers principes.

Les Principes qui servent de fondement aux propositions sont de trois sortes, sçavoir, les *Definitions, les Axiomes, & les Postulats ou Demandes*. Les definitions sont de certaines manieres de se faire entendre, sur la nature des choses dont on a traiter, desquelles on convient; afin que tous ceux qui entendent ou qui parlent d'un même sujet, puissent en avoir une même idée & une même conception : comme si l'on parle d'une *Ligne* tout le monde doit également comprendre que c'est *une longueur qui n'a ny largeur ny profondeur*; Ainsi chacun doit penser d'un *Corps*, que c'est *une quantité qui a longueur, largeur & profondeur*.

Les Axiomes sont de certaines propositions qui sont d'elles-mêmes si claires & si évidentes qu'il suffit de les bien entendre pour les admettre sans balancer, bien loin d'y pouvoir contredire, comme est celle-cy, *que le tout est plus grand qu'aucune de ses parties.*

Les Demandes ou Postulats sont aussi de certaines pratiques ou propositions d'une facilité tellement notoire, que l'usage en est accordé sans contradiction, comme celle-ci : L'on demande que *l'on se puisse* par exemple *servir de la regle pour tirer des Lignes droites, & du compas pour décrire des cercles sur un plan*, & que les *Lignes* qui auront été tirées puissent sans contradiction passer pour *droites*, & les *cercles* pour *cercles*.

Ces principes, qui sont d'une nature à ne pouvoir point être contestés étant une fois admis; Euclide passe aux propositions, que luy, ou quelqu'autre pour luy, a renfermées dans quinze livres, dont les unes sont appellées *Theorêmes* qui decouvrent & demontrent quelque verité contenuë dans quelqu'une des especes de la quantité, comme celle-ci, *Que les trois angles d'un triangle rectiligne sont toûjours égaux à deux angles droits.* Les autres sont des *Problemes* qui commandent la construction de quelque chose à faire, qui le font, & qui demontrent ensuite que leur construction est faite ainsi qu'il a été ordonné.

Avant que d'entrer plus avant en matiere, il est bon de sçavoir qu'il y a trois especes de quantité continue, suivant le nombre des dimensions possibles ; Sçavoir *la Ligne* qui n'a qu'une dimension c'est à dire une seule longueur sans largeur ny profondeur; *La Surface* qui en a deux, c'est à dire longueur & largeur sans profondeur; & le *Corps* qui en a trois, longueur, largeur & profondeur.

Chacune de ces especes a ses proprietés ; Car la ligne considerée seule peut être ou *droite* ou *courbe* ou *mêlée de droite & de courbe*. La droite est celle qui est également contenue entre ses extrêmes qui sont des points. Le *Point*, que l'on suppose indivisible en Mathematique, n'est pas une quantité, quoy que l'on puisse dire qu'il en est le principe. Les Lignes courbes sont regulieres ou irregulieres : Entre les regulieres, *la Circulaire* est la principale, *l'Elliptique* &c ; dont il sera parlé ci-aprés.

Les proprietés de la Ligne droite comparée à une autre ligne droite, sont celles-ci. Si deux droites posées sur un même plan sont de telle sorte qu'étant continuées à l'infini, elles ne se rencontrent jamais, elles sont ce qu'on appelle *Lignes paralleles*. Mais si elles viennent à se rencontrer & se couper, elles sont appellées *Lignes inclinées l'une à l'autre*, & leur inclination se nomme *un angle*. Lequel est un *angle droit*, si la ligne tombant sur l'autre, fait les deux angles égaux de chaque côté, & ces lignes sont *perpendiculaires* l'une à l'autre; Mais si les angles sont inégaux, le grand s'appelle *Angle obtus*, & le moindre *Angle aigu*, & les lignes sont *obligement inclinées*. La grandeur de ces angles ne se mesure que par celle de leur ouverture, & non pas par celle des Lignes qui les forment.

Quand aux Surfaces, elles sont ou *Planes* ou *Courbes*, ou *mêlées de l'une & de l'autre*. Les surfaces planes sont celles qui sont également contenues entre leurs extremes qui sont des Lignes. Les Courbes sont ou convexes, ou concaves regulieres ou irregulieres; Entre les regulieres, les principales sont les *Spheriques*, les *Cylindriques*, les *Coniques* &c.

Toute surface plane terminée s'appelle *figure*. Laquelle est *figure rectiligne* si elle est terminée de lignes droites qui doiuent être au moins trois en nombre, car deux lignes droites de quelque maniere qu'on les mette n'enferment point une space. Ainsi la premiere des figures rectilignes est le

Triangle c'eſt à dire figure à trois côtés, dans laquelle il y a ſept choſes à conſiderer qui ſont les trois côtés, les trois angles, & l'aire ou la capacité de la ſurface. Ces choſes font ſix eſpeces de triangles, ſçavoir trois pour la difference des côtés & trois pour la difference des angles. Car ſi les trois côtés ſont égaux, le triangle s'appelle *Equilateral*. S'il a ſeulement deux côtés égaux, le triangle eſt *Iſoſcele*. Et lors que les trois côtés ſont inégaux il eſt *Scalene*. Ainſi le Triangle eſt *Rectangle*, s'il a un angle droit. *Amblygone*, s'il a un angle obtus, & *Oxygone* ſi les trois angles ſont aigus. Ou il eſt à remarquer que l'Equilateral eſt toûjours Oxygone, mais que les Iſoſceles & les Scalenes peuvent être rectangles ou amblygones ou oxygones.

Les figures à quatre côtés ou *Quadrilatures* ſont de cinq eſpeces. Car ſi les quatre côtés ſont égaux, & les quatre angles droits, la figure eſt un *Quarré*. Si les quatre angles étans droits, les côtés oppoſés ſeulement ſont égaux, c'eſt un *Quarré long* ou *Parallelogramme* rectangle. Si les quatre côtés étant égaux, les angles oppoſés ſeulement ſont égaux, c'eſt un *Rhombe*. Si les côtés oppoſés & les angles oppoſés ſeulement ſont égaux, c'eſt un *Rhomboïde*. Enfin ſi les angles ny les côtés oppoſés ne ſont point égaux c'eſt un *Trapeſe*. Où il eſt à remarquer que les quatre premieres eſpeces ſont appellées figures *Parallelo-*

grammes, parce que leurs côtés opposés sont toûjours parallels entr'eux.

Les figures *Polygones* appellées autrement *Multilateres* ou de plusieurs côtés, prennent leur nom du nombre des lignes qui les enferment ou de celui de leurs angles. Ainsi l'on appelle *Pentagone* une figure à cinq angles ou à cinq côtés; *Hexagone* celle de six angles ou de six côtés; Un *Heptagone* celle de sept; *Octogone* celle de huit &c. Et toutes ces figures sont regulieres ou irregulieres. Les premieres ont tous leurs angles & tous leurs côtés égaux.

Quand au *Cercle*, c'est une figure enfermée d'une seule ligne courbe appellée *Circonference*, dans laquelle figure il y a un point d'où toutes les droites tirées à la Circonference sont égales. Ce point s'appelle *Centre*. Les Lignes tirées du centre à la circonference se nomment *Rayons* ou *Demi-diametres*: La ligne droite qui passant par le centre va de part & d'autre à la circonference s'appelle *Diametre*. Il y a d'autres figures regulieres & irregulieres contenues sous des lignes courbes comme est *l'Ellipse*, & sous des courbes & des droites comme la *Parabole* & *l'Hyperbole*, &c; dont il sera parlé autant qu'il est besoin dans la suite, aussi-bien que des surfaces courbes convexes ou concaves.

Le *Corps*, que l'on appelle autrement un *Solide*, est enfermé d'une ou de plusieurs surfaces. Si les surfaces qui enferment un solide sont planes, elles

Elles ſont au moins quatre en nombre & forment un *Tetraëdre*, dont toutes les faces ſont triangulaires. Le *Solide* à cinq faces peut être appellé *Pentaëdre* qui eſt de faces mêlées de triangulaires & de quadrangulaires. Les *Exaëdres* ſont à ſix faces, les *Heptaedres* à ſept & ainſi des autres.

Où il eſt à remarquer que ces Solides ſont appellés reguliers, lors que tous les angles, les côtés & les figures des ſurfaces qui les enferment ſont égaux & ſemblables : & ces Corps ne ſont que cinq en nombre dans la nature ſçavoir le *Tetraëdre* ou la *Pyramide*, qui eſt faite de quatre triangles égaux, équilateraux & équiangles. *L'Hexaëdre* ou *Cube* fait de ſix quarrés égaux. *L'Octaëdre* fait de huit triangles égaux & équilateraux. Le *Dodecaëdre* fait de douze pentagones égaux, équiangles & équilateraux. Et *l'Icoſaëdre* fait de vingt triangles égaux, équilateraux & équiangles. Outre ces cinq Corps, il y en a encore quelques autres que l'on peut appeller reguliers en quelque maniere, quoy que toutes les ſurfaces qui les enferment ne ſoient pas égales, comme ſont les *Pyramides*, les *Priſmes* ou *Parallelepipedes* dont il ſera parlé dans la ſuite.

Entre les Solides enfermés de ſurfaces courbes, le premier eſt *la Sphere*, qui eſt un ſolide contenu ſous une ſeule ſurface, dans lequel il y a un point d'ou toutes les droites menées à la ſurface ſont égales entr'elles. Ce point comme au Cercle s'appelle *le Centre de la Sphere*. Les lignes droites menées du centre à la surface sont *les Rayons* ou *les Demidiametres de la Sphere*. La droite qui passant par le centre s'étend depart & d'autre à la surface est le *Diametre de la Sphere*. Il y a encore d'autres Solides qui n'ont qu'une seule surface comme les *Elliptiques conicoïdes*. D'autres sont enfermées de surfaces partie courbes & partie planes comme sont *le Cone*, *le Cylindre* , *les Conoïdes &c.*

Les differentes especes de la quantité étant indiquées, il faut maintenant parler de leurs principales affections & proprietés ; dont la recherche, ainsi que nous avons dit, fait l'objet principal de la Geometrie , & qui sont à peu prés celles-ci. La forme ou figure de la quantité , la mesure , la description, l'inscription & circonscription, l'addition , soustraction, multiplication & division , la puissance , la transformation & la proportion , sous laquelle on peut comprendre la commensurabilité & l'incommensurabilité , la similitude & dissimilitude , égalité & inégalité &c.

Où l'on voit que la consideration de la *forme* ou *figure* , de la *mesure* & de la *description* , suppose la quantité absoluë : au lieu que la consideration des autres proprietés suppose la quantité comparée & par relation à quelqu'autre.

La Multiplication des quantités engendre leurs *puissances*. Comme la Multiplication d'une *ligne droite par elle-même* fait son *quarré* ; *& la multiplication* du Quarré par son côté en fait le *Cube*. Ainsi la multiplication d'une ligne droite par une autre ligne droite, fait ce que l'on appelle un *Parallelogramme Rectangle*, ou en un mot un *Rectangle*, dans lequel la droite qui passe d'un des angles à l'autre opposé s'appelle *Diagonale*. Un rectangle multiplié par une droite fait un solide *parallelepipede*, c'est à dire dont les plans opposés sont parallels. Cette multiplication de lignes s'entend en mettant le bout d'une des droites perpendiculaires au bout de l'autre & fermant l'espace par des droites paralleles opposées. Celle d'une surface s'entend en mettant une droite par une de ses extremités sur un des Angles de la surface, élevée en l'air perpendiculaire à à son plan & fermant le solide par des plans parallels opposés.

La division des *puissances* retablit les quantités qui les ont produites. Ainsi divisant un *solide parallelepipede par un de ses côtés*, l'on rêtablit *la surface* ; & l'on rêtablit un des *côtés de la surface*, si on le divise par l'autre. Où il est à remarquer que les quantités changent d'espece ou de genre par ces deux passions : dont la multiplication sert à augmenter les puissances en montant, c'est à dire en les élevant à des degrés superieurs ; & la diviſion au contraire les diminue en les deprimant à des degrés inferieurs.

Au reſte, MONSEIGNEUR, vous avez pû voir dans les ſix premiers livres des Elemens d'Euclide, les propoſitions qui ſervent de fondement pour parvenir à la conoiſſance de toutes ces proprietés, particulierement de celles de la premiere & de la ſeconde eſpece de la quantité c'eſt à dire de la Ligne & de la Surface ; car ce qui regarde la troiſiéme eſpece qui eſt des Solides, il n'en eſt parlé que dans les derniers livres du même Autheur. Mais comme ce qu'il y a de plus neceſſaire à ſçavoir ſe trouve embaraſſé par la longueur des demonſtrations & par la ſuite de pluſieurs propoſitions qui n'y ſont miſes que pour ſervir à la demonſtration des neceſſaires ; J'ay crû que je devois vous marquer en peu de mots ce dont il eſt à propos que vous vous ſouveniez dans chaque livre ; étant perſuadé comme vous l'êtes de la verité de toutes ces propoſitions, dont vous avez examiné les demonſtrations avec ſoin.

Voicy donc ce qu'il y a de plus conſiderable dans LE PREMIER LIVRE.

A l'égard des lignes droites & de l'égalité & deſcription de leurs angles, voici ce qu'il dit.

1. Une droite tombant ſur une autre fait les deux angles ou droits ou égaux à deux droits.

2. Deux lignes qui ſe couppent font les angles

opposés au sommet égaux.

3. Une droite coupant deux paralleles fait les angles alternes égaux : l'angle externe égal à son interne opposé : & les deux internes de même part égaux à deux droits. Et au contraire.

Voici quelques pratiques sur les mêmes.

4. Couper une droite en deux également.

5. Tirer une perpendiculaire sur une autre droite d'un point donné sur la ligne ou hors de la ligne.

6. Couper un angle rectiligne en deux également.

7. Faire un angle égal à un angle donné.

8. D'un point donné mener une ligne parallele à une autre.

A l'égard des plans. Description des triangles, égalité de leurs angles, & puissances de leurs côtés.

1. Les angles sur la base d'un triangle Isoscele sont égaux, & ceux sous la base, si les côtés sont prolongés.

2. Les trois angles d'un triangle rectiligne sont égaux à deux droits.

3. Si l'on continue un des côtés d'un triangle, l'angle externe est égal aux deux internes opposés.

PRATIQUES.

4. Décrire un triangle équilateral.

5. Faire un triangle de trois lignes données dont les deux sont toûjours plus grandes que la troisiéme.

PUISSANCES *des côtés.*

6. Aux triangles rectangles le quarré du côté qui soûtient l'angle droit est égal aux quarrés des deux autres côtés. Ceci est le fondement de l'addition & de la soustraction des Puissances.

Nous pouvons ajouter icy ces deux propositions tirées du SECOND LIVRE.

7. Aux triangles Amblygones, le quarré du côté qui soutient l'angle obtus surpasse les quarrés des deux autres côtés, du double du rectangle fait de l'un des côtés qui font l'angle obtus sur lequel, étant prolongé, tombe la perpendiculaire & la partie du même entre la perpendiculaire & l'angle obtus.

8. Aux triangles Oxygones, le quarré du côté qui soutient l'angle aigû est moindre que les quarrés des deux autres côtés, du double du rectangle fait de l'un des côtés qui font l'angle aigu sur lequel tombe la perpendiculaire, & la partie du même entre la perpendiculaire & l'angle aigu.

Egalité des Triangles.

1. Si deux triangles ont deux côtés égaux à

deux côtés & l'angle contenu de ces côtés égal à l'angle ; la base sera égale à la base, les autres angles aux autres angles, & le triangle égal au triangle.

2. Si deux triangles ont deux côtés égaux à deux côtés & la base égale à la base ; les angles seront égaux aux angles, & le triangle au triangle.

3. Si deux triangles ont deux angles égaux à deux angles & un côté égal à un côté ; l'autre angle sera égal à l'autre angle, les autres côtés aux autres côtés, & le triangle au triangle.

4. Les triangles sur mêmes bases ou bases égales & entre mêmes paralleles sont égaux entr'eux.

5. Toute figure rectiligne se resout en triangles.

Description, division, égalité des Quadrilateres.

1. Deux droites qui en joignent deux autres égales & paralleles, sont aussi égales & paralleles. Et la figure qu'elles enferment est un parallelogramme.

2. La diagonale coupe tout parallelogramme en deux triangles égaux.

3. En tout parallelogramme les complements de ceux qui sont autour de la diagonale sont égaux entr'eux.

4. Les parallelogrammes sur même base ou bases égales & entre même paralleles sont égaux entr'eux.

5. Un parallelogramme est double d'un triangle sur même base ou bases égales & entre mêmes paralleles.

PRATIQUES *pour la transformation des figures.*

6. Faire un parallelogramme sur un angle donné égal à un triangle donné.

7. Sur une droite & un angle donné faire un parallegramme égal à un triangle donné.

8. Sur une droite & un angle donné faire un parallelogramme égal à une figure rectiligne donnée.

9. Sur une droite donnée faire un quarré.

LE SECOND LIVRE *traite de l'égalité des puissances des Lignes & de leurs parties ; & sert à leur transformation.*

Voici ses principales propositions.

1. Si une droite est coupée comme on voudra, le rectangle de la toute & de l'une des parties est égal à celuy des deux parties & au quarré de la partie premierement prise.

2. Si une droite est coupée comme on voudra, le quarré de la toute est égal aux quarrés des parties & au double de leur rectangle.

3. Si une droite est coupée en deux également & en deux inégalement, le quarré de la moitié est égal au rectangle des Segmens inégaux & au quarré

quarré de la partie du milieu.

4. Si à une droite coupée en deux également on ajoute une autre droite, le quarré de la moitié & de l'ajoutée comme d'une, est égal au rectangle de la toute & de l'ajoutée comme d'une, & de l'adjoutée, & au quarré de la moitié.

5. Si une droite est coupée comme on voudra, les deux quarrés de la toute & de l'un des Segmens, sont égaux au double du rectangle de la toute & du même Segment & au quarré de l'autre.

6. Si une ligne est coupée comme on voudra, le quarré de la toute & de l'un des Segmens comme d'une, est égal au quadruple de la toute & du même Segment, & au quarré de l'autre.

7. Si une droite est coupée en deux également & en deux inegalement, les quarrés des Segmens inegaux sont ensemble doubles des quarrés de la moitié & de la partie du milieu.

8. Si a une droite coupée en deux également on ajoute une autre droite, les quarrés de la toute & de l'ajoutée comme d'une, & celui de l'ajoutée, sont ensemble doubles des quarrés de la moitié & de la moitié & de l'ajoutée comme d'une.

PRATIQUES *Pour la transformation des puissances.*

9. Couper une ligne en la moyene & extrême raison; c'est à dire en sorte que le rectangle de

la toute & de l'un des Segmens, ſoit égal au quarré de l'autre Segment.

10. Faire un quarré égal à un rectiligne donné.

LE TROISIE'ME LIVRE *contient les principales proprietés des Cercles, qui ſont celles-ci.*

PRATIQUES.

1. Trouver le centre d'un cercle donné.

2. Une portion de circonference étant donnée achever le Cercle.

3. Couper une portion de circonference en deux également.

4. D'un point donné mener une droite qui touche un cercle.

Egalité des angles dans le Cercle.

5. Si une droite en coupe une autre en deux également dans un cercle, elle lui ſera perpendiculaire, ſi elle paſſe par le centre. Et au contraire.

6. La droite perpendiculaire à l'extremité d'un diametre touche le cercle, & entre cette perpendiculaire & la Circonference il ne tombe aucun angle rectiligne.

7. L'angle au centre dans un cercle eſt double de l'angle à la circonference, lors qu'ils ont même circonference ou circonferences egales pour baſes.

8. Tous les angles dans une même portion de cercle, ſont egaux.

9. Les angles oppoſés des quadrilateres decrits dans un Cercle ſont egaux à deux droits.

10. L'angle d'un demicercle eſt droit; dans un plus grand Segment il eſt aigu, & obtus dans un moindre.

11. Si par un même point de la circonference on mene deux droites, l'une qui touche & l'autre qui coupe le cercle; les angles que font ces deux lignes ſont egaux à ceux qui ſe font dans les Segmens alternes de ce cercle.

PRATIQUES *pour l'égalité des angles.*

12. Sur une droite donnée faire un Segment de cercle capable d'un angle rectiligne donné.

13. Couper un Segment d'un cercle donné capable d'un angle rectiligne donné.

Egalité des Puiſſances des Lignes dans le Cercle.

14. Si deux droites ſe coupent dans un cercle, le rectangle des parties de l'une eſt égal au rectangle des parties de l'autre.

15. Si d'un point hors du cercle, on mene des lignes dont l'une touche le cercle, & les autres le coupent; le quarré de la touchante ſera égal à chacun des rectangles des Segmens de celles qui coupent le cercle, compris entre le point & la circonference concave & convexe. Et ces rectan-

gles sont par consequent egaux entr'eux.

LE QUATRIEME LIVRE *contient diverses pratiques pour l'Inscription & la circonscription des figures.* Qui sont celles-ci.

D'un Triangle & d'un Cercle.

1. Dans un Cercle decrire un triangle equiangle à un triangle donné.

2. Autour d'un cercle decrire un triangle equiangle à un triangle donné.

3. Inscrire un cercle dans un triangle donné.

4. Decrire un cercle autour d'un triangle donné.

D'un cercle & d'un quarré.

5. Decrire un quarré dans un cercle donné.

6. Decrire un quarré autour d'un cercle donné.

7 Faire un cercle dans un quarré donné.

8. Faire un cercle autour d'un quarré donné.

D'un Cercle & d'un Pentagone regulier.

9. Decrire un pentagone regulier dans un cercle donné.

10. Decrire un pentagone regulier autour d'un cercle donné.

11. Faire un cercle dans un pentagone regulier donné.

12. Faire un cercle autour d'un pentagone regulier donné.

D'un Cercle & d'un Hexagone regulier.

13. Decrire un hexagone regulier dans un cercle donné.

14. Decrire un hexagone regulier autour d'un cercle donné.

15. Faire un cercle dans un hexagone regulier donné.

16. Faire un cercle autour d'un hexagone regulier donné.

D'un Cercle & d'un certain Polygone.

17. Dans un cercle donné decrire un polygone regulier de quinze côtés.

LE CINQUIEME LIVRE *contient la nature des Proportions en general, & explique les manieres ordinaires d'argumenter en Mathematique par les proportions.*

Pour bien entendre ce qui est contenu dans le Cinquiéme Livre d'Euclide, il est bon de sçavoir, que ce que l'on appelle *raison* en Mathematique, n'est autre chose que le raport que deux quantités peuvent avoir l'une avec l'autre lors qu'elles sont comparées. Deplus qu'il n'y a que les quantités de même espece qui puissent avoir raison ensemble, lesquelles au rapport d'Euclide sont celles seulement qui étant multipliées se peuvent à la fin surpasser l'une l'autre. Ainsi une Ligne peut avoir raison avec une ligne, &

une surface avec une surface ; car la plus petite peut être tant de fois multipliée qu'elle deviendra à la fin plus grande que l'autre. Mais une ligne ne peut pas avoir de raison avec une surface ny avec un corps, parce que quelque multiplication que lon fasse de la Ligne elle ne peut jamais devenir plus grande que la surface ou le corps. Ce qu'il faut soigneusement remarquer, afin de ne se point laisser surprendre par l'apparance dans les raisonnemens Mathematiques, dans lesquels il arrive souvent que la raison de deux quantités est comparée à celle de deux autres quantités d'une autre espece. Comme il est souvent vray de dire que la raison qui est entre deux lignes est egale, plus grande, ou moindre que celle qui est entre deux surfaces, entre deux corps, entre deux nombres, entre deux mouvemens; Mais on ne peut jamais dire qu'une ligne est egale ou plus grande ou moindre qu'une surface, qu'un corps, qu'un nombre, ou qu'un mouvement. Car les raisons peuvent être comparées, parce que celle qui est entre deux lignes étant par exemple la plus petite, peut être multipliée tant de fois, qu'elle deviendra à la fin plus grande que celle qui est entre deux surfaces, ou entre deux corps. Ce qui ne se peut pas dire des lignes à l'égard des surfaces, ni des corps, ny enfin d'aucune quantité qui soit d'une autre espece que la Ligne.

En toute raiſon le premier terme, c'eſt à dire celui qui eſt comparé à l'autre, s'appelle *Antecedant*, & l'autre terme, c'eſt à dire celui auquel le premier eſt comparé, s'appelle *Conſequant*. Si deux quantités ſont égales, elles ont entr'elles la raiſon que l'on appelle *d'Egalité*, & celle *d'Inegalité* ſi elles ſont inégales.

La raiſon d'inégalité eſt *rationelle* ou *irrationelle*. La rationelle eſt entre deux quantités qui ſont l'une à l'autre comme nombre à nombre. L'Irrationelle eſt celle qui ne peut-être exprimée par nombres, ou qui eſt entre deux quantités qui n'ont aucune meſure commune : Comme eſt celle qui ſe trouve entre la diagonale & le côté d'un quarré.

La raiſon d'inégalité rationelle peut être de *plus grande inégalité* lors que le plus grand terme eſt comparé au plus petit, ou *de moindre inégalité* quand le plus petit eſt comparé au plus grand.

Il y a cinq eſpeces, ou pour mieux dire, cinq genres de raiſon rationelle de plus grande inegalité, ſçavoir, *la Surparticuliere*, *la Surpartiente*, *la Multiple*, *la Multiple-ſurparticuliere* & *la Multiple-ſurpartiente*.

La Surparticuliere eſt lors que le plus grand terme contient le moindre une fois & une de ſes parties aliquotes de plus. Ses eſpeces ſont infinies ; Car elle peut être *Seſquialtere*, comme 3 à 2 lors que l'antecedant contient le consequent une fois & demi ; *ou Sesquitierce* comme 4 à 3, quand il le contient une fois & un tiers ; *Ou Sesquiquarte*, comme 5 à 4 une fois & un quart ; ou *Sesquiquinte* comme 6 à 5. une fois & un cinquiéme & ainsi des autres.

La Surpatiente est lors que le plus grand terme contient le moindre une fois & plusieurs de ses parties aliquotes de plus : ses especes sont aussi infinies ; car elle peut être *Surbipartiente* lors qu'il le contient une fois & deux de ses parties ; ou *Surtripartiente* une fois & trois parties ; ou *Surquadrupartiente* une fois & quatre parties : & ainsi du reste. De plus chacune de ces especes est aussi infinie ; Car la Surbipartiente peut être Surbipartiente *tierces* comme 5 à 3 lors que le plus grand terme contient le moindre une fois & deux tiers ; ou Surbipartientes *quintes* comme 7 à 5 une fois & deux cinquiémes ; ou Surbipartiente *septiémes* comme 9 à 7 une fois & deux septiémes &c. Ainsi la Surtripartiente peut être Surtripartiente *quartes* comme 7 à 4 une fois & trois quarts ; ou Surtripartientes *quintes* comme 8 à 5 une fois & trois cinquiémes ; ou Surtripartiente *septiémes* comme 10 à 7 une fois & trois septiémes ; &c. Ainsi la Surquadrupartiente peut être Surquadrupartiente *quintes* comme 9 à 5 une fois & quatre cinquiémes ; Ou Surquadrupartiente *septiémes* comme 11 à 7 une fois & quatre septiémes ; & ainsi de toutes les autres à l'infini.

La Multiple eſt lors que le plus grand terme contient preciſement le moindre plus d'une fois. Ses eſpeces ſont auſſi infinies ; car elle peut être double comme 2 à 1 ; ou triple comme 3 à 1 ; ou quadruple ; ou centuple ; ſi l'antecedant contient le conſequent preciſement cent fois ; Et ainſi du reſte.

La Multiple Surparticuliere eſt lors que le plus grand terme contient le moindre pluſieurs fois & une de ſes parties aliquotes de plus. Ses eſpeces ſont infinies. Car elle peut être double Surparticuliere, triple Surparticuliere, quadruple Surparticuliere, centuple Surparticuliere & ainſi à l'infini. Chacune de ces eſpeces en peut avoir encore une infinité d'autres : car la double Surparticuliere peut être double Seſquialtere comme 5 à 2 lors que le premier contient l'autre deux fois & demi ; ou double Seſquitierce comme 7 à 3 deux fois & un tiers ; ou double Seſquidixiéme comme 21 à 10 deux fois & un dixiéme &c. Ainſi la triple Surparticuliere peut être triple Seſquialtere 7 à 2, trois fois & demi ; ou triple Seſquitierce 10 à 3, trois & un tiers ; ou triple Seſquihuitiéme 25 à 8 trois fois & un huitiéme. Et ainſi de toutes les autres eſpeces à l'infini.

La Multiple Surpartiente eſt lors que le plus grand terme contient le moindre pluſieurs fois & pluſieurs de ſes parties aliquotes de plus. Ses eſpeces ſont infinies en une infinité de manieres. Car elles peuvent être double Surpartiente, triple

Surpartiente, quadruple Surpartiente, centuple Surpartiente & ainsi à l'infini. De plus la double Surpartiente peut être double Surbipartiente, double Surtripartiente, double Surcentupartiente, & ainsi des autres; Ainsi la triple Surpartiente peut être triple Surbipartiente, triple Surtripartiente &c; La quadruple Surpartiente peut être quadruple Surbipartiente, quadruple-Surtripartiente. Et ainsi de toutes les autres especes à l'infini. Maintenant il y a encore une infinité d'autres especes de chacunes de celles-là; car la double Surbipartiente par exemple peut être double Surbipartiente tierces, comme 8 à 3 deux fois & deux tiers; ou double Surbipartiente quintes comme 12 à 5 deux fois & deux cinquiémes; ou double Surbipartiente quinziémes comme 32 à 15 &c. Ainsi la double Surtripartiente peut être double - Surtripartiente-quartes comme 11 à 4 deux fois & trois quarts; ou double Surtripartiente quintes, comme 13 à 5 deux fois & trois cinquiémes; ou double Surtripartiente-treiziémes comme 29 à 13 deux fois & trois treiziémes &c. L'on peut faire le même raisonnement de la triple-Surbipartiente, Surtripartiente; &c. & de toutes les autres especes à l'infini.

Il y a tout autant de genres & autant d'especes Subalternes sous chaque genre de raison rationelle de moindre inégalité, qui est celle, ainsi que nous avons dit, où le plus petit terme est comparé au plus grand. Il ne faut qu'ajouter la particule, Sous, aux noms de toutes les especes de la plus grande inegalité, pour avoir les noms des especes de la moindre inegalité qui leur repondent. Comme la raison de plus grande inégalité qui est entre ces deux termes 2 & 1 étant *double*; Celle de moindre inegalité qui luy repond & qui est entre ces termes 1 & 2 s'appelle *Sous-double.* Ainsi la raison de trois à deux, étant *Sesquialtere*, celle de deux à trois qui luy repond est *Sous-Sesquialtere*, & ainsi du reste.

Ceci étant bien entendu, il n'est pas mal aisé de comprendre ce que c'est qu'Analogie ou proportion; qui n'est autre chose que lors que deux ou plusieurs raisons sous differens termes sont égales entr'elles; D'ou vient qu'Euclide a dit que *la proportion étoit similitude de raison.* Ainsi parce que les deux raisons de 2 à 1 & de 6 à 3. sont égales, étant l'une & l'autre raison double, Elles font une proportion de ces quatre termes 2. 1: 6. 3, qui sont appellés proportionels & que l'on exprime en cette maniere: Comme 2 est à 1: ainsi 6 est à 3.

Les termes d'une proportion sont ou continus ou discrets c'est à dire separés. La proportion continuë est lors que le consequent de la premiere raison, sert d'antecedant à la seconde comme en ces nombres 1. 2. 4. dont on peut dire que le premier est au second, comme le second au troisiéme. La proportion discrette est lors que les termes ne ſe repetent comme dans les nombres du premier exemple 2. 1 : 6. 3.

Comme il y a deux termes dans chaque raiſon, & deux raiſons dans chaque proportion ; il paroît qu'il faut quatre termes pour chaque proportion. Et c'eſt pour ce Sujet que dans la proportion continuë le ſecond terme ſe prend pour deux & ſe repete deux fois.

Lors que pluſieurs quantités ſont en proportion continuë, la raiſon de la premiere à la troiſiéme eſt dite être *doublée* de celle de la premiere à la ſeconde. La raiſon de la premiere à la quatriéme eſt *triplée* de celle de la premiere à la ſeconde. Celle de la premiere à la cinquiéme, *quadruplée* de la même raiſon de la premiere à la ſeconde & ainſi de ſuitte. Ainſi poſant ces nombres en proportion double continuë 1. 2. 4. 8. 16. 32. 64. La raiſon de 1 à 4 eſt dite être doublée de celle de 1 à 2. Celle 1 à 8 eſt triplée de la même 1 à 2 ; Celle de 1 à 16 quadruplée de la même ; 1 à 32. quintuplée & ainſi des autres à l'infini.

Les termes homologues d'une proportion ſont les antecedans aux antecedans, & les conſequans aux conſequans.

S'il y a tant de quantités qu'on voudra miſes de ſuitte la raiſon de la premiere à la derniere eſt dite être compoſée des raiſons de la premiere à la ſeconde, de la ſeconde à la troiſiéme, de la troiſiéme à la quatriéme, & ainſi de ſuite juſqu'à ce que l'ordre ſoit fini à la derniere.

Nous avons parlé de toutes ces choſes, parce que nous avons crû qu'il étoit neceſſaire de les conoître pour bien entendre les propoſitions du cinquiéme livre d'Euclide. Qui ſont celles-ci.

1. Les quantités égales ont même raiſon à une même : & une quantité à même raiſon à des quantités égales. Et au contraire.

2. De quantités inégales la plus grande à plus grande raiſon à une même que la plus petite ; & une quantité à plus grande raiſon à la moindre qu'à la plus grande.

3. S'il y a tant de quantités qu'on voudra proportioneles ; tous les antecedans enſemble ſeront à tous les conſequans enſemble comme l'un des antecedans à l'un des conſequans.

4. Si quatre quantités ſont proportionelles, en ſorte que le premier terme ſoit le plus grand les deux extremes ſeront plus grandes enſemble que les deux moyennes.

5. Si quatre quantités ſont proportionelles, *En changeant* elles ſeront auſſi proportionelles. C'eſt à dire que le conſequant ſera à l'antecedant d'une raiſon, comme le conſequant à l'antecedant de l'autre ; ou le ſecond terme de l'une au premier comme le quatriéme au troiſiéme.

6. Si quatre quantités ſont proportionelles ; *En permutant* elles ſeront auſſi proportionelles ; C'eſt à dire que l'antecedant ſera à l'antecedant comme

le consequant au consequant : ou le premier terme au troisiéme comme le second au quatriéme supposé que les qnantitez soient de même genre.

7. Si quatre quantités sont proportioneles : *En composant* elles seront aussi proportioneles : c'est à dire que l'antecedant & le consequant ensemble d'une des raisons, seront au consequant, comme l'antecedant & le consequant ensemble de l'autre sont au consequant. Ou le premier & second termes ensemble sont au second, comme le troisiéme & le quatriéme ensemble sont au quatriéme.

8. Si quatre quantités sont proportioneles : *En Divisant* elles seront aussi proportioneles. C'est à dire que l'antecedant moins le consequant d'une des raisons sera au consequant, comme l'antecedant moins le consequant de l'autre à son consequant. Ou comme la difference du premier & du second est au second, ainsi la difference du troisiéme & du quatriéme est au quatriéme.

9. Si quatre quantités sont proportionelles : par *Conversion de raison*, elles seront aussi proportionelles. C'est à dire que l'antecedant d'une raison sera à l'antecedant moins le consequant, comme l'antecedant de l'autre à l'antecedant moins le consequant. Ou bien le premier terme sera à la difference du premier & du second, comme le troisiéme à la difference du troisiéme & du quatriéme.

10. Si le tout est au tout comme la partie à la

partie, le reste sera au reste comme le tout au tout.

11. S'il y a tant de quantités qu'on voudra d'une part, & autant d'autres quantités de l'autre; lesquelles de deux en deux ayent même raison dans chaque ordre. *Par égalité* la premiere d'un ordre aura même raison à la derniere, que la premiere de l'autre ordre à la derniere.

12. S'il y a trois quantités d'une part & trois de l'autre, ensorte que la raison de la premiere à la seconde du premier ordre, soit égale à celle de la seconde à la troisiéme du second, Mais que la raison de la seconde à la troisiéme du premier soit égale à celle de la premiere à la seconde du second ordre. *Par égalité troublée*, la premiere d'un ordre aura même raison à la troisiéme que la premiere de l'autre ordre à sa troisiéme.

Voici donc les differentes manieres de conclure sur les proportions.

Si ces quatre quantités sont proportionelles : Elles le seront aussi.	A.	B :	C.	D
	12	9	8	6
En changeant	B.	A :	D.	C
	9	12	6	8
En permutant	A.	C :	B.	D
	12	8	9	6

En composant	A†B.	B:	C†D.	D:
	21	9	14	6
En divisant	A-B.	B:	C-D.	D
	3	9	2	6
Par conversion de raison	A.	A-B:	C.	C-D
	12	3	8	2

En voici d'autres par égalité.

	A.	B.	C					
Par égalité ordonnée.	18	9	3	A	C	D	F
	D.	E.	F	18	3	12	2
	12	6	2.				

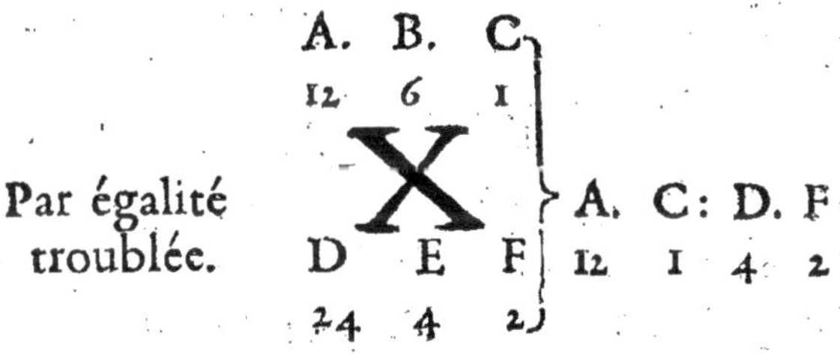

LE SIXIE'ME LIVRE *donne des pratiques pour la section des lignes, pour l'Invention des proportionelles, & la transformation des figures. Il examine les proprietés des figures, leur proportion & celle*

celle de leurs côtés, leur ſimilitude, leur égalité, leur addition & leur ſouſtraction.

Figures ſemblables ſont celles qui ont les angles égaux & les côtés qui les ſoutiennent proportionels.

Figures reciproques ſont celles qui ont chacune les antecedans & les conſequans des raiſons.

Une Ligne eſt coupée en la moyenne & extrême raiſon, quand la toute eſt au grand Segment, comme le grand Segment eſt au petit.

La hauteur d'une figure, eſt la perpendiculaire tirée du ſommet à la baſe.

Ceci étant poſé: Voici les principales Propoſitions.

PRATIQUES *pour la Section des Lignes.*

1. D'une ligne droite donnée en ôter une partie demandée.

2. Couper une droite donnée ſemblablement à une autre donnée & coupée.

3. Couper une droite en la moyenne & extrême raiſon.

PRATIQUES *pour l'invention des Lignes proportionelles.*

4. A deux droites données trouver une troiſiéme proportionelle.

5. A trois lignes données trouver une quatriéme proportionelle,

6. A deux droites données, trouver une moyenne proportionelle.

PRATIQUES *pour la description & transformation de figures semblables, égales ou excedantes ou deffaillantes de figures semblables.*

7. Sur une droite donnée decrire une figure semblable & semblablement posée à une figure rectiligne donnée.

8. Decrire une figure semblable à une donnée & égale à une autre proposée.

9. A une droite donnée appliquer un parallelogramme égal à une figure rectiligne donnée, defaillant d'un parallelogramme semblable à un autre parallelogramme donné.

10. A une droite donnée appliquer un parallelogramme égal à une figure rectiligne donnée, excedant d'un parallelogramme semblable à un autre donné.

RAISONS *des figures comparées à celles de leurs côtés ; ou des Secteurs & des angles à celles de leurs circonferences.*

11. Les Triangles & les Parallelogrammes qui ont même hauteur, sont entr'eux comme leurs bases.

12. Les Triangles semblables, sont en raison doublée de leurs côtés homologues.

13. Les Polygones semblables se resolvent en

triangles ſemblables & égaux en nombre, & ſont entr'eux en raiſon doublée de leurs côtés homologues.

14. Les Rectilignes ſemblables decrits ſur baſes proportionelles, ſont auſſi proportionels. Et au contraire.

15. Les Parallelogrammes équiangles ſont entr'eux en raiſon composée de celles de leurs côtés.

ADDITION & SOUSTRACTION *des figures ſemblables.*

16. Aux triangles rectangles la figure decrite ſur le côté qui ſoutient l'angle droit eſt égale à celles qui ſont ſur les deux autres côtés ſemblables & ſemblablement decrites.

Dans les Cercles égaux.

17. Aux cercles égaux les Secteurs & les angles au centre ou à la circonference ſont entr'eux comme les circonferences qui leur ſervent de baſe.

RAISONS *des côtés dans les figures.*

18. Une droite dans un triangle parallele à la baſe coupe les côtés proportionellement. Et au contraire.

19. Si la droite qui coupe l'angle d'un triangle en deux également en coupe auſſi la baſe, Les

Segmens de la baſe ſeront en la raiſon des côtés du triangle. Et au contraire.

20. Aux triangles equiangles les côtés qui contiennent les angles egaux ſont proportionels, & ceux qui ſoutiennent les angles egaux ſont homologues. Et au contraire.

21. Aux triangles & aux parallelogrammes egaux & qui ont un angle egal à un angle, les côtés qui ſont autour des angles egaux ſont reciproques.

Similitude & égalité des figures.

22. Si deux triangles ont un angle egal à un angle & deux côtés proportionels à deux côtés; Ils ſeront équiangles.

23. Si de l'angle droit d'un triangle rectangle on mene une perpendiculaire à la baſe; Les deux triangles autour de la perpendiculaire ſeront ſemblables entr'eux & au grand triangle.

24. Si quatre Lignes ſont proportionelles, le rectangle des extrêmes eſt égal à celuy des moyennes. Et au contraire.

LES TROIS LIVRES SUIVANTS, qui ſont le SEPTIE'ME, le HUITIE'ME & NEUVIE'ME *des Elemens d'Euclide, expliquent la nature des nombres, & nous nous en ſervirons cy-aprés lors que nous traiterons de l'Arithmetique Speculative.*

LE DIXIE'ME LIVRE *eſt pour les quantités*

rationelles, irrationelles; Commensurables & incommensurables; dont nous vous dirons aussi quelque chose quand nous vous parlerons de l'Algebre.

TOUS LES AUTRES LIVRES *servent à l'intelligence des Solides, dont nous ne rapporterons icy que les principales propositions, c'est à dire celles seulement dont la connoissance vous est aucunement necessaire pour bien entendre ce que nous dirons sur leurs mesures dans le Traité de la Geometrie pratique.*

L'ONZIE'ME LIVRE *aprés avoir demontré plusieurs propositions sur la rencontre des plans, vient en suitte à la recherche des proprietés des parallelepipedes, (qui sont des Solides dont tous les plans sont des parallelogrammes & les opposés sont égaux, semblables & paralleles;) & des prismes, qui sont des Solides contenus de plans, deux desquels qui sont opposés sont égaux, semblables & paralleles, & les autres sont parallelogrammes.*

Un *Angle solide* est celui qui est fait deplus de deux angles qui ne sont pas en même plan, mais qui se rencontrent en un même point.

Voici ses principales Propositions.

1. Un angle solide est contenu sous des angles qui sont ensemble moindres que quatre droits.

PRATIQUE *pour la description d'un Parallelepipede.*

2. Sur une droite donnée decrire un parallele-

pipede semblable & semblablement posé à un autre parallelepipede donné.

Division des Parallelepipedes.

3. Tout parallelepipede est coupé en deux également par un plan passant par les diagonales de ses plans opposés.

4. Un parallelepipede étant coupé par un plan parallele aux plans opposés, comme la base est à la base, ainsi le Solide est au Solide.

Proportion des Parallelepipedes & de leurs bases.

5. Les parallelepipedes qui sont sur bases égales & de même hauteur sont égaux.

6. Les parallelepipedes qui ont même hauteur sont entr'eux comme leurs bases.

7. Les parallelepipedes semblabes sont en raison triplée de celle de leurs côtés.

8. Aux Solides faits de plans parallels, les plans opposés sont parallelogrammes semblables & égaux.

9. Les Solides parallelepipedes semblables & semblablement decrits sur quatre lignes proportionelles sont aussi continuellement proportionnels.

Egalité des Solides.

10. Les bases & les hauteurs des parallelepides égaux sont reciproques. Et au contraire.

11. Si trois lignes sont proportionelles, le parallelepipede qui en sera fait sera égal à celuy qui est fait de la moyenne, equilateral & semblable à l'autre.

12. Si de deux prismes de même hauteur, la base de l'un est un parallelogramme double d'un triangle qui soit la base de l'autre, les deux prismes seront égaux.

DANS LE DOUZIÉME LIVRE, *Euclide compare les raisons des Cercles, des Polygones inscrits dans les cercles & des Spheres*, à celles de leurs *diametres* : Puis celles des *Pyramides* & des *Prismes*, *des Cones* & *des Cylindres*, tant entr'eux qu'avec les raisons de leurs bases.

Raisons des Cercles & des Spheres comparées à celles de leurs diametres.

1. Les Cercles & les Polygones semblables decrits dans les Cercles sont entr'eux comme les quarrés des diametres.

2. Les Spheres sont entr'elles en raison triplée de leurs diametres.

Raisons des Pyramides comparées à celles de leurs bases.

3. Les Pyramides de même hauteur sont entr'elles comme leurs bases.

4. Les Pyramides egales ont leurs bases & leurs hauteurs reciproques.

5. Les Pyramides & les Prismes semblables sont entr'eux en raison triplée de leurs côtés homologues.

Raison des Prismes & des Pyramides.

6. Tout Prisme est triple de la Pyramide, qui a même base & même hauteur.

Raisons des Cones & des Cylindres.

7. Le Cone est le tiers du Cylindre qui a même base & même hauteur.

8. Les Cones & les Cylindres qui ont même hauteur sont entr'eux comme leurs bases.

9. Les Cones & les Cylindres semblables sont en raison triplée des diametres de leurs bases.

10. Les Cones & les Cylindres qui ont même base ou bases égales, sont entr'eux comme leurs hauteurs.

11. Des Cones & des Cylindres egaux, les bases & les hauteurs sont reciproques.

DANS LE TREIZIÉME, *aprés avoir enseigné plusieurs belles proprietés de la ligne coupée en la moyenne & extréme raison & les proportions des côtés de quelques Polygones reguliers inscrits en même cercle, qui doivent servir à la doctrine des Solides; il finit par la pratique de la description des cinq Corps reguliers & leur inscription dans une même Sphere, & aprés avoir montré Quelle est la raison du diametre de la Sphere à chacun de leurs côtés qu'il expose &*

& compare entr'eux, il demontre qu'il n'y a que ces cinq Corps reguliers dans la nature.

Proprietés de la ligne coupée en la moyenne & extrême raison.

Soit une droite coupée en la moyenne & extreme raison.

1. Le quarré de la moitié de la toute & du plus grand Segment comme d'une seule ligne, est quintuple de celuy de la moitié de la toute: & au contraire.

2. Le quarré du petit Segment & de la moitié du grand comme d'une ligne, est quintuple de celui de la moitié du même grand Segment.

3. Le quarré de la toute & celui du petit Segment, sont ensemble triples de celuy du grand Segment.

4. Si à une droite coupée en la moyenne & extrême raison, l'on ajoute une autre droite égale au grand Segment: La toute sera aussi coupée en la moyenne & extrême raison, & le grand Segment sera la Ligne premierement prise.

5. Si deux droites soutiennent deux angles de suite d'un pentagone regulier: Elles se couperont en la moyenne & extrême raison.

6. Une droite faite des côtés de l'Hexagone & du Decagone inscrits en même cercle, est coupée en la moyenne & extrême raison, & le côté de l'Hexagone en est le plus grand Segment.

Proportions des côtés de quelques Polygones dans un Cercle.

7. Le côté du Pentagone est l'hypotenuse d'un triangle rectangle dont les côtés de l'Hexagone & du Decagone, inscrits en même cercle, sont la perpendiculaire & la base.

8. Le quarré du côté d'un Triangle équilateral est triple de celui du rayon du cercle dans lequel il est inscrit.

PRATIQUES *de la description des Solides reguliers & de leur inscription dans une même Sphere.*

9. Decrire une Pyramide & l'environner d'une Sphere donnée : Et le quarré du diametre de la Sphere sera à celui du côté de la Pyramide comme 3 à 2.

10. Decrire un Octaëdre & l'environner de la même Sphere : Et le quarré du diametre de la Sphere sera double de celui du côté de l'Octaëdre.

11. Decrire un Cube & l'environner de la même Sphere : Et le quarré du diametre de la Sphere sera triple de celui du côté du Cube.

12. Decrire un Icosaëdre & l'environner de la même Sphere : Et le côté de l'Icosaëdre sera incommensurable au diametre de la Sphere tant en longitude qu'en puissance.

13. Decrire un Dodecaëdre & l'environner de la même Sphere : Et le côté du Dodecaedre sera

incommensurable au diametre de la Sphere tant en longitude qu'en puissance.

14. Exposer & comparer entre eux les côtés des cinq Solides reguliers, & faire voir qu'il n'y en a point d'autres dans la nature.

DANS LE QUATORZIE'ME *il fait voir Quelles sont les figures planes des Solides reguliers qui peuvent être renfermées dans un même Cercle; & compare les raisons de quelques Solides & de leurs Surfaces à celles des côtés.*

Ces deux propositions sont comme Lemmes pour le reste.

1. La droite menée du centre d'un Cercle perpendiculaire au côté du Pentagone, est égale à la moitié des côtés de l'Hexagone & du Decagone ensemble.

2. Les lignes coupées en la moyenne & extrême raison sont semblablement coupées.

Surfaces planes inscriptibles dans un même Cercle.

3. Un même Cercle comprend le Pentagone du Dodecaëdre & le Triangle de l'Icosaëdre inscrits en même Sphere.

4. Un même Cercle comprend le Quarré du Cube, & le Triangle de l'Octaëdre inscrits en même Sphere.

Raisons des Solides & de leurs Surfaces comparées à celles des côtés.

5. Le Dodecaëdre est à l'Icosaëdre comme le côté du Cube est à celuy de l'Icosaëdre.

6. La Surface du Dodecaëdre à celle de l'Icosaëdre dans une même Sphere, est comme le côté du Cube à celuy de l'Icosaëdre.

LE QUINZIE'ME LIVRE *contient quelques pratiques pour l'inscription des Solides reguliers l'un dans l'autre.*

1. Inscrire une Pyramide dans un Cube.
2. Dans une Pyramide decrire un Octaëdre.
3. Dans un Cube decrire un Octaëdre.
4. Inscrire un Cube dans un Octaëdre.
5. Inscrire un Icosaëdre dans un Dodecaëdre.

Voila, MONSEIGNEUR, ce qu'il y a de plus considerable dans le Livre des Elemens d'Euclide, & dont la connoissance vous meneroit facilement à celle de ce qu'il y a de plus caché dans les mathematiques. Mais comme il est juste que vous employés vôtre temps à des occupations plus importantes & qui dans l'avenir puissent contribuer au repos public, à vôtre gloire & à celle de nôtre nation; Je ne vous en parleray pas davantage, & je passeray à l'explication de la Geometrie pratique, sans vous entretenir des propositions admirables qui sont dans les Livres des

Elemens Coniques d'Apollonius, des Elemens Cylindriques de Serenus, des Elemens Spheriques de Theodose, dans les Elemens Geometriques des Proportionalités ou des Medietez que j'ay composés, dans les Livres d'Archimede & de Pappus, & dans mille beaux Ouvrages des Modernes, qui ont traité divinement de cette matiere.

TRAITÉ DE LA GEOMETRIE PRATIQUE.

LA GEOMETRIE pratique eſt l'art de meſurer les grandeurs. Je dis ſeulement les grandeurs afin d'en exclurre l'Arithmetique qui meſure les multitudes.

Une grandeur eſt ou ligne, ou ſurface, ou corps. Je ne dis rien du point, parce que ce n'eſt pas une quantité, mais ſeulement le principe de la quantité.

La ligne eſt le cours du point : ou bien c'eſt une longueur ſans largeur ni profondeur.

La ſurface eſt le cours de la ligne ſur le travers : ou bien c'eſt une longueur & largeur ſans profondeur.

Le corps ou ſolide eſt ce qui eſt êtendu en longueur, largeur & profondeur.

Des lignes il y en a de droites & de courbes.

La ligne droite est celle qui est également étenduë entre ses points : ou bien c'est le plus court chemin d'un point à un autre. Des lignes courbes il y en a de regulieres comme la circulaire, l'elliptique, l'hyperbolique, la parabolique, la spirale &c. & des irregulieres qui sont infinies. Nous parlerons des regulieres dans leur lieu.

Si une ligne tombe sur une autre : leur inclination s'appelle *Angle*. Et si elle tombe en sorte que les angles soient égaux de chaque côté : Elle est dit être *Perpendiculaire* à l'autre ; & ces angles s'appellent *Angles droits*. Comme la ligne DB est perpendiculaire à AC, si tombant sur elle comme au point B, elle fait l'angle DBA égal à l'angle DBC ; & ces deux angles DBA, DBC, sont appellés angles droits.

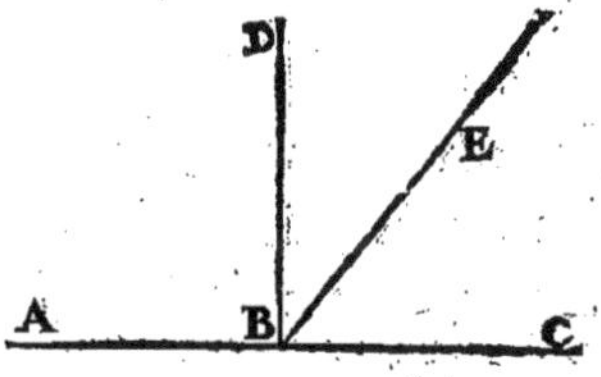

Ainsi lorsque les angles de part & d'autre sont inégaux, celui qui est plus grand s'appelle *Angle obtus* ; & celui qui est moindre s'appelle *Angle aigu*. Comme si la ligne EB tombant sur AC au même point B, fait les angles EBA, EBC inégaux ; le plus grand d'entreux EBA s'appelle angle obtus, & le moindre EBC s'appelle un angle aigu.

Que si deux lignes comme AB, CD, sont tellement posées sur un même plan qu'étant prolongées à l'infini elles soient toûjours également distantes, on les appelle *Lignes paralleles.*

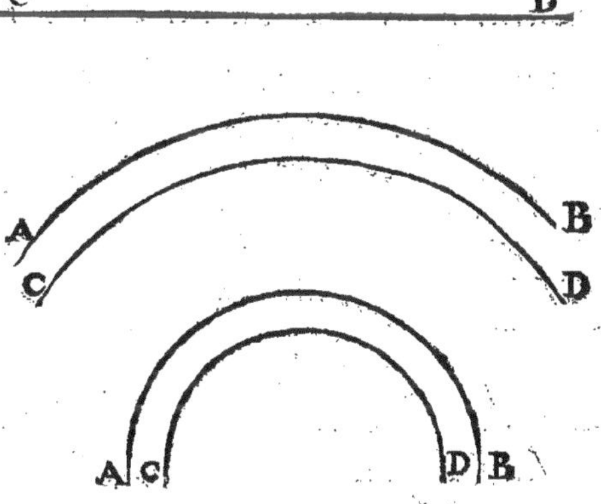

Au reste comme deux lignes droites n'enferment point un espace, & qu'il en faut au moins trois pour former une figure ; il s'ensuit que la premiere des figures planes est le *Triangle*, qui à trois côtés & trois angles ; lesquels par leur combinaison font six differences de triangles, trois pour la raison des côtés, & trois pour la raison des angles. Car ou les trois côtés AB, AC, BC sont égaux comme au triangle A, que l'on appelle *Equilateral.*

Ou les deux côtés seulement A B, & BC sont égaux comme le triangle B, que l'on appelle *Isoscele.*

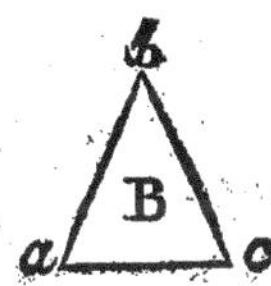

Ou

Ou tous les trois côtés sont inégaux comme au triangle C, que l'on appelle *Scalene.*

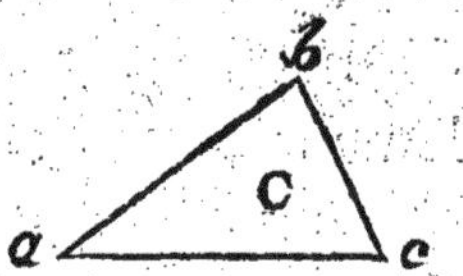

De plus le triangle D ayant un de ses angles droit comme B A C, l'on l'appelle *Triangle rectangle.*

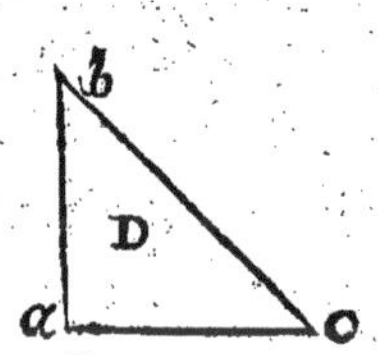

Mais si l'angle B A C dans le triangle E est obtus, on l'appelle *Triangle amblygone.*

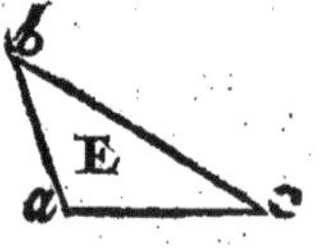

Et le triangle F *Oxygone*, dans lequel tous les angles sont aigus.

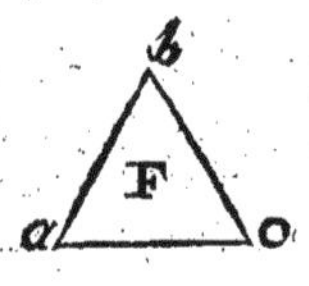

La seconde des figures planes rectilignes est le *Quadrilatere* ou de quatre côtés; lesquels étant tous égaux & tous les angles droits, font ce qu'on appelle le *Quarré* comme A.

Mais si les angles étant droits, les côtés opposés seulement sont égaux comme B, on l'appelle *Quarré long*, ou *Parallelogramme rectangle*, ou seulement un *Rectangle*.

B

Si les quatre côtés sont égaux & les angles seulement opposés égaux comme en C, ce sera un *Rhombe*.

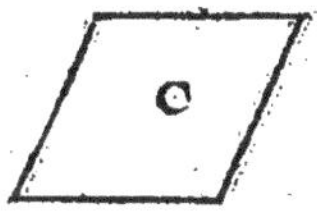

C

Et s'il n'y a que les seuls côtés & les seuls angles opposés qui soient égaux comme en D, ce sera un *Rhomboide*.

D

Enfin si les côtés ny les angles ne sont point égaux comme en E, ce sera un *Trapese*.

E

Des autres figures rectilignes, celles qui ont les côtés & les angles égaux sont appellées *Regulieres*, & elles prennent leur nom du nombre de leurs angles ou de leurs côtés; car on appelle *Pentagone* celle de 5 côtés, *Hexagone* celle de 6, *Heptagone* celle de 7, *Octogone* celle de 8; & ainsi des autres.

Le Cercle eſt la plus noble de toutes les figures curvilignes, qui étant fermé d'une ſeule ligne courbe à un point au dedans, d'où toutes les droites tirées à ſes extremités ſont égales. Comme la figure AC BF s'appelle *un Cercle*, qui eſt terminé par la ſeule ligne courbe ACBF, que l'on appelle la *circonference*, & qui a un point en ſoy comme D, d'où toutes les lignes droites DA, DC, DE &c. menées vers la Circonference ſont égales; & ce point D s'appelle *centre*; les droites DA, DC, DE &c. des *demidiametres* ou des *rayons*; la ligne AB, qui paſſant par le centre D, touche la circonference des deux côtés eſt *le diametre* du cercle qui le diviſe en deux demi-cercles égaux ACB & AFB; chaque portion de la circonference comme AC, AE, EB, &c. s'appelle *un arc de cercle* & la droite qui ſoutient l'arc comme la droite AC qui ſoutient l'arc AGC, & la droite CE qui ſoutient l'arc CHE, s'appelle la *Corde de l'arc.* Toute corde comme AC diviſe le cercle en parties inégales AGC&

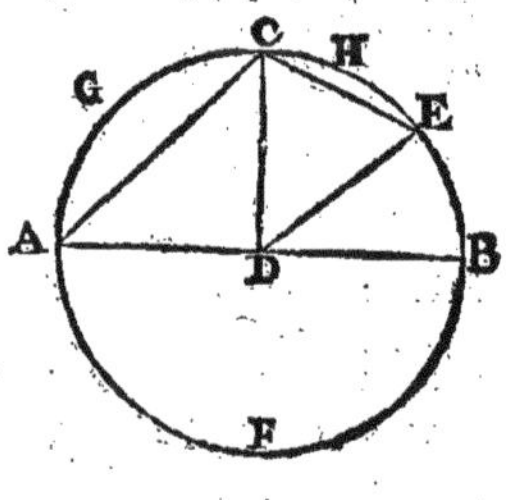

AFBC, que l'on appelle des *portions de cercle.* La figure enfermée d'un arc & de deux demidiametres comme ADCG, EDCH, s'appelle *secteur de cercle*; & celle qui est enfermée d'un arc & de sa corde comme ACG, ECH s'appelle *Segment de cercle.*

Nous expliquerons plus facilement les definitions des autres figures curvilignes regulieres, dont nous avons parlé cy-dessus, comme de *l'Ellipse*, de *la Parabole* &c. lors que nous aurons apporté celle des *Solides.*

Si d'un point immobile pris hors d'un plan dans lequel il y a un Cercle, l'on s'imagine, une ligne droite qui sur ce point immobile & alentour de la circonference de ce Cercle, se meuve en tournant jusqu'à ce qu'elle arrive au lieu d'où elle étoit premierement partie ; il se fera par ce mouvement un solide que l'on appelle un *Cone.* Comme si du point B pris en l'air hors du plan DEC, dans lequel le Cercle DEFE est decrit, l'on entend une ligne droite BD, qui tourne sur le point immobile B & allentour de la circonference du cer-

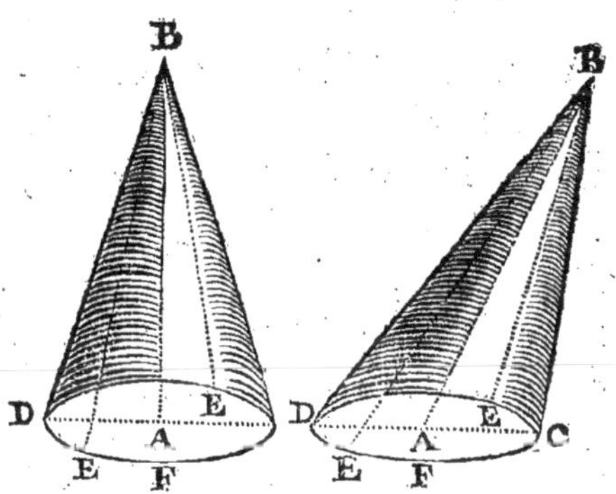

cle CEDF; il naîtra de cette revolution un solide BCFDE, qui est contenû sous un cercle & sous une surface convexe, & que l'on appellera un Cone. Et le Cone sera appellé *Cone droit* si la droite BA tirée du point B vers le centre du Cercle A, est perpendiculaire à son plan; ou *Cone oblique* si la même BA n'est pas perpendiculaire au plan du Cercle. Le point B s'appelle le *sommet du Cone*; le Cercle DECF en est *la base*; les Lignes droites tirées du sommet à la circonference du cercle comme BC, BD, BE &c. sont appellées les *côtés du Cone*. Et son *Axe* est la Ligne BA, qui vient du sommet au centre de la base.

Si la base n'est pas un cercle, mais une figure rectiligne, & que du sommet qui est hors du plan de la base on tire des lignes droites à chacun de ses angles, il s'en fera un solide, compris de la base & d'autant de triangles plans qu'il y aura de côtés dans la base, lequel s'appelle une *Pyramide*; qui prendra son nom de la figure de sa base & s'appellera *Pyramide triangulaire* comme H, si la base est un triangle, ou *Pyramide quadrangulaire* comme K, si la base est un quadrilatere, ou *Pentagone* si la base est figure à 5. côtés

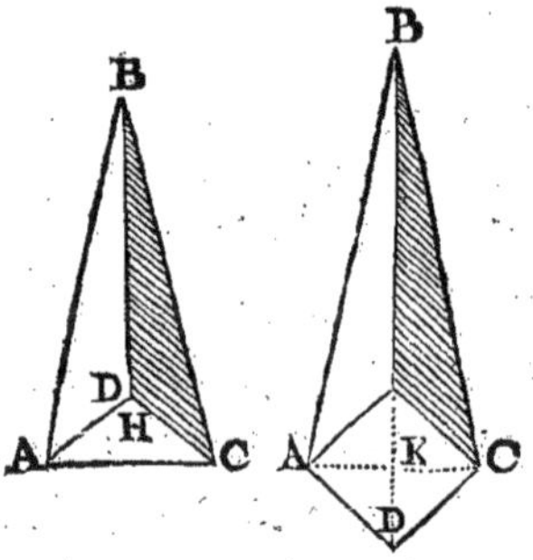

& ainsi des autres. Leur sommet est toûjours le point B, la base A D C, les côtés, B A BD, B C, &c.

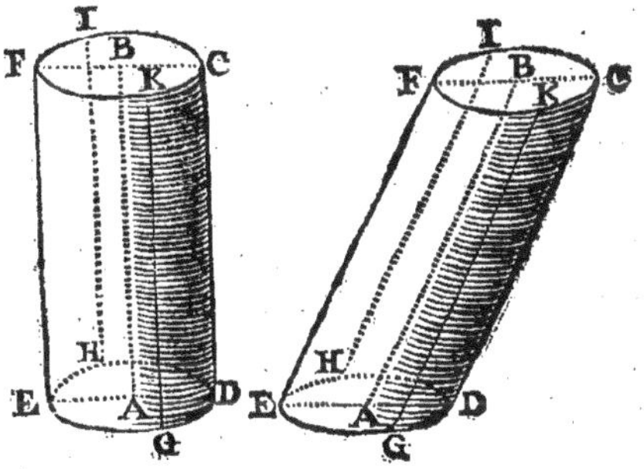

Si une ligne droite touchant les circonferences de deux cercles égaux decrits dans des plans parallels, en sorte qu'elle soit toûjours parallele à la droite qui en joint les centres, se meut en cet état allentour des mêmes circonferences, jusqu'à ce qu'elle retourne au point d'où elle étoit premierement partie; il se fera par ce mouvement un Solide compris sous deux plans circulaires opposés, parallels & égaux & sous une surface convexe, qui s'appelle *un Cylindre*. Comme si deux cercles égaux DGEH, C K F I, étans decrits dans des plans parallels, & ayant mené la droite A B par leurs centres; il y a une autre droite comme CD parallele à A B qui touche les circonferences des deux cercles comme aux points C & D, d'où elle soit transportée par tous lesdits points comme par G, E, H, & K, F, I, en sorte qu'elle soit toûjours parallele à elle même & à A B, jusqu'à ce qu'elle retourne aux points C & D, d'ou elle étoit premierement partie; il naitra par cette conversion un Solide EGDH, CIFK compris sous une surface convexe CFED, & sous les deux surfaces circulaires planes, opposées, égales & paralleles EGDH, FKCI ; que l'on appelle un *Cylindre*, qui sera un *Cylindre droit* si la Ligne AB est perpendiculaire aux plans des deux cercles : Mais ce sera un *Cylindre oblique*, si la même AB n'est pas perpendiculaire aux mêmes plans. Cette ligne AB, qui joint les centres des Cercles s'appelle *l'axe du Cylindre* ; les deux cercles sont les *bases opposées du Cylindre* ; les lignes droites CD, EF, GH & les autres qui leur sont toûjours paralleles sont les *côtés du même Cylindre*.

Si les bases ne sont pas circulaires, mais des figures rectilignes, égales, semblables, & dans des plans parallels ; & que tous les angles de leurs côtés homologues soient joints par des droites ; Il en naîtra des Solides compris sous deux bases paralleles, égales & semblables, & autant de parallelogrammes qu'il y aura de côtés dans chacune des bases : & l'on les appellera des *Parallelepipedes* ou *des prismes* ; qui auront aussi leur denomination de la figure de leurs côtés ; C'est à dire, que ce sera un *Prisme triangulaire* comme A si les bases sont des Triangles, un *Prisme quadrangulaire* comme B, si elles sont Quadrilateres, un *Prisme pentagone* si ce sont

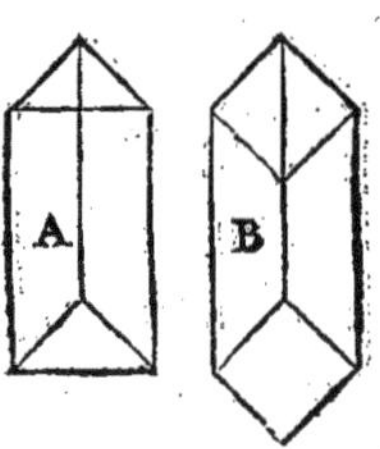

figures de cinq côtés & ainsi des autres. Et les Prismes seront appellés *Prismes droits* si les côtés sont perpendiculaires aux bases, autrement on les appellera *Prismes obliques*.

Si un demicercle se meut, allentour de son diametre immobile, jusqu'à ce qu'il retourne au lieu d'où il étoit premierement parti, il naîtra par ce mouvement un solide compris d'une seule surface, dans lequel il y a un point d'où toutes les droites tirées à cette surface sont égales ; & ce Solide s'appelle une *Sphere*. Comme si le demicercle ABC se tourne à l'entour du diametre immobile AC, jusqu'à ce qu'il revienne au point d'où il a commencé de se mouvoir; il naîtra par cette revolution une Sphere ABCE, dont le centre sera D, qui est le même que celui du cercle qui a produit la Sphere par son mouvement, & toutes les lignes droites, comme DA, DE &c. menées du point D à la surface convexe qui termine la Sphere, sont égales.

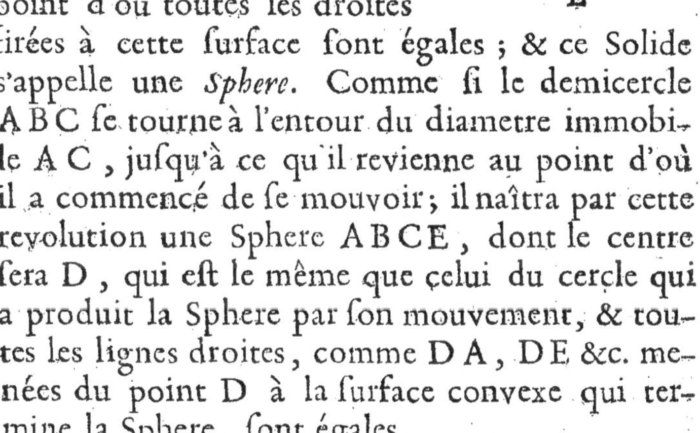

Les figures planes curvilignes regulieres, dont nous avons parlé cy-dessus, naissent de differentes manieres de couper le Cône. Soit pour cet effet le Cone GACBF, dont le sommet soit G, l'axe GP, & la base soit le cercle ACBF ; lequel soit premierement entendu être coupé par un un plan qui du sommet passe au long de l'axe; il fera par ce moyen dans le Cone un *Triangle* comme GA.

En suite qu'il soit entendu être coupé par un plan parallele à la base il fera un *Cercle*, & si le plan comme KLIM, droit à la base & ne lui étant point parallele, coupe les deux côtés GA, GB, du triangle; il decrira dans la surface du cone une ligne courbe KMIL, que l'on appelle une *Ligne Elliptique*, & il fera dans le cone une figure appelle une *Elipse*, dont les sommets sont les points I & K, les axes IK & LM, & le centre R.

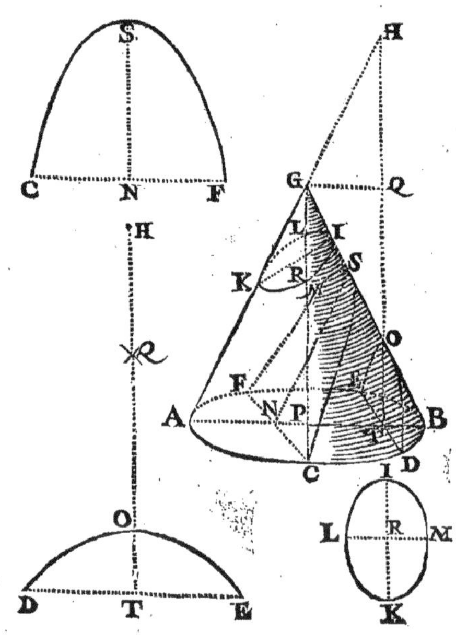

Que si le cone est coupé par un autre plan CSF droit à la base, qui coupant un des côtés du triangle comme BG en S, soit parallele à l'autre côté AG; il decrira dans la surface convexe du cone, la Ligne courbe CSF, que l'on appelle *ligne Parabolique* ; & la figure ENFS, decrite dans le Cone & contenuë sous la même courbe & la ligne droite CF, est *une Parabole*, dont le sommet est S, & l'axe SN. Enfin si le même Cone est coupé par le plan DOE droit à la base, lequel coupant l'un des côtés du triangle comme BG en O, rencontre l'autre côté AG prolongé au dela du sommet G, comme en H; il decrira dans la surface convexe du Cone une ligne courbe DOE appellée *ligne Hyperbolique* ; & la ligne DTEO decrite dans le cone & contenuë sous la même courbe & la droite DE est une *Hyperbole*, dont OT est l'axe, HO le diametre transverse, le sommet O & le centre Q, ou la ligne HO est divisée en deux également.

Au reste chacune de ces figures curvilignes fait, en se tournant allentour de son axe immobile, des Solides qui ont des noms differens suivant la difference de leurs conversions ; Comme si la demi Ellipse ABC, se tourne à l'entour de son grand axe immobile AC; il naîtra le 1. Solide BACD, que l'on appelle *Conicoïde Elliptique oblong*. Mais si la demi Ellipse ABC, se tourne autour de son petit axe immobile AC; il en naîtra le 2e. Solide BACD, que l'on appelle Sphœroïde *Conicoïde Elliptique plat*. Mais si c'est une demi Parabole comme ADC, qui se tourne autour de son axe immobile AD, elle fera le 3^e^. Solide BACD, que l'on appelle *Conicoïde Parabolique*. Enfin si la de-

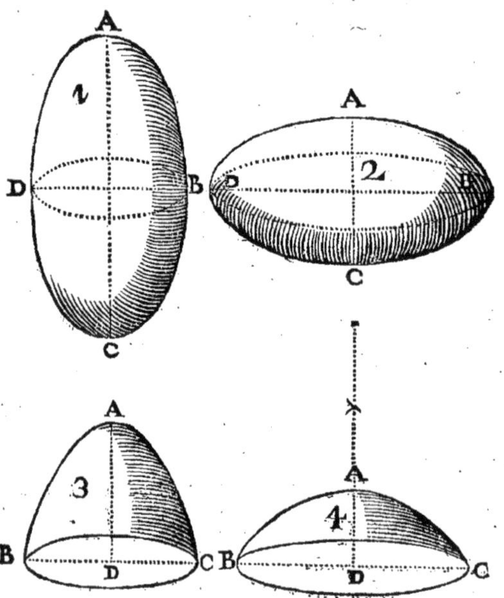

mi Hyperbole A B D ſe tourne autour de ſon axe immobile A D, elle fera le 4e. Solide B A D C, que l'on appelle *Conicoïde hyperbolique*.

Il ne faut pas oublier, qu'entre les Solides rectilignes il y en a quelques uns que l'on appelle des *Corps reguliers* à cauſe qu'ils ont tous les angles, tous les côtés, & tous les plans qui compoſent leurs ſurfaces, égaux & ſemblables; qui ſuivant ce qui a été demontré par Euclide ſont ſeulement au nombre de 5. Sçavoir, le *Tetraëdre*, *l'Hexaëdre*, *l'Octaëdre*, *le Dodecaëdre*, & *l'Icoſaëdre*.

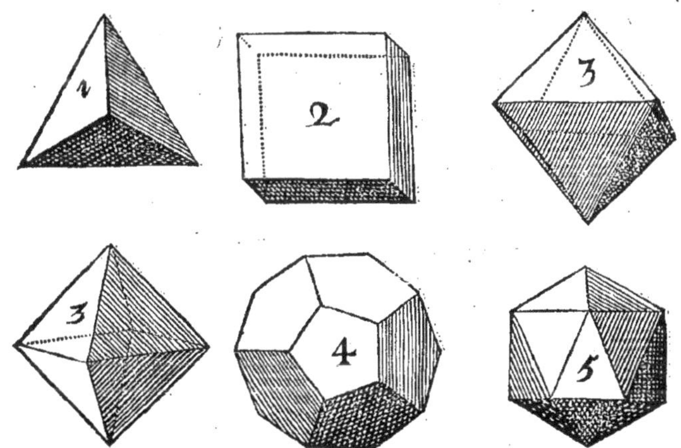

1. Le *Tetraëdre* est une espece de Pyramide contenuë sous quatre triangles égaux equilateraux & équiangles.

2. *L'Hexaëdre* ou Cube, est une espece de Prisme ou Parallelepipede contenu sous six quarrés égaux.

3. *L'octaëdre* est un Solide compris sous huit triangles égaux, équilateraux & équiangles.

4. *Le Dodecaëdre* est un Solide contenu sous douze pentagones égaux, équilateres & équiangles.

5. *L'Iscosaëdre* est un Solide contenu sous vingt triangles égaux, équilateraux & équiangles.

Nous avons jusqu'ici rapporté les noms & les definitions des grandeurs qui peuvent être mesurées par la Geometrie; il nous reste à enseigner les pratiques de les mesurer ; Où nous garderons cette methode, qu'aprés avoir expliqué premierement les mesures des lignes ou des longueurs, nous passerons à celles des plans & des surfaces, & dela à celles des corps ou des Solides.

LA GEOMETRIE
DES LIGNES OU LONGUEURS.

NTRE les lignes ou Longueurs, il y en a qui ſont *acceſſibles*, & d'autres qui ſont *inacceſſibles.* Les acceſſibles ſont celles dont on ſe peut approcher & les meſurer par l'aplication actuelle de quelque meſure conue & determinée : Mais les Inacceſſibles ſont celles dont on ne peut pas s'aprocher ni les meſurer par l'aplication actuelle d'une meſure conüe, mais ſeulement par la comparaiſon que l'on en peut faire avec d'autres longueurs qui ſont conües par l'aplication actuelle d'une meſure determinée.

Il y a diverſes meſures parmy les diferentes nations & ſelon les differentes natures des choſes qui peuvent être meſurées. Mais ſans parler des autres, nous expliquerons ſeulement ici celles des longueurs, qui ſont en uſage parmi nous & dont les Ouvriers ont acoutumé de ſe ſervir.

La premiere, & celle qui eſt comme le fondement de toutes les autres eſt *le Pied*, que l'on appelle communement *le Pied de Roy*. Il eſt diviſé en 12. parties que l'on nomme des *Pouces*, & chaque pouce ſe diviſe encore en 12. autres particules qui s'appellent des *Lignes*, ou des *Grains*, parce qu'elles sont chacune à peu prés de la grosseur d'un grain d'orge.

Cinq pieds de Roy, font le pas Geometrique.

Six pieds de Roy font la Toise.

Dixhuit pieds font la Perche ou la Verge.

L'on dit qu'une Longueur est de tant de mesures, lors que cette mesure luy étant apliquée autant de fois se trouve precisement égale à elle. Ainsi l'on dit qu'une Ligne est de 100 toises, si la toise luy étant apliquée cent fois de suite, se trouve égale à cette ligne. Où l'on voit que tout l'artifice de mesurer les grandeurs accessibles consiste à leur appliquer actuellement une mesure conüe autant de fois qu'elle peut y être contenue, & à remarquer le nombre des fois qu'elle y a êté apliquée, par lequel la mesure de la longueur sera expliquée.

Surquoy il faut remarquer qu'il est beaucoup plus commode de se servir de grandes mesures que de petites lors que l'on veut mesurer des grandes Longueurs; & c'est pour ce sujet que pour mesurer les champs & les heritages, on se sert de perches ou verges plûtot que de la toise; on employe même des cordeaux de la longueur des verges; Mais comme les cordes ont accoutumé de se lâcher au beau temps & de se retirer à l'humide, & que ces changemens souvent repetés peuvent dans des grandes mesures aporter de l'alteration considerable & causer de grandes erreurs; il est plus seur de se servir de petites chaînes de fer ou de latton, sur lesquelles les diverses temperatures de l'air ne peuvent point faire d'alteration notable.

Les mesures des Longueurs inaccessibles se conoissent par la *Trigonometrie*, c'est à dire par la *Geometrie des Triangles*, parce que nous les considerons comme les côtés de certains triangles, dont nous conoissons ou quelques uns des autres côtés, ou quelques uns des angles ; par la conoissance desquels nous venons, au moyen du calcul, à celle des côtés ou lignes que nous ne conoissons pas.

Et comme dans chaque triangle il y a deux choses principales à remarquer, sçavoir les *angles* & *les côtés* ; les côtés êtans des lignes il faut les mesurer à la maniere que nous avons dit si elles sont accessibles ; Mais la mesure des angles est d'une autre nature, & il est bon d'en discourir ici avant que de passer plus outre.

Un angle ainsi que nous l'avons dit, est l'inclination de deux lignes en un même plan qui se rencontrent non directement. De sorte que plus cette inclination est grande & plus grand est aussi l'angle.

La

La mesure *des angles rectilignes* depend de la circonference du cercle. Car si du point E, ou les Lignes droites A E & C E se rencontrent l'on decrit, comme d'un centre, le cercle A C B F, de quelque grandeur que l'on voudra : l'arc A C, compris entre les deux droites A E & C E continuées s'il en est besoin, determine la grandeur de l'angle A E C; Tout de même, l'arc A D marque la quantité de l'angle A E D qui est fait par les lignes A E & D E : comme l'arc C D celle de l'angle C E D &c. Ainsi par la diversité des arcs, nous jugeons de la difference des angles.

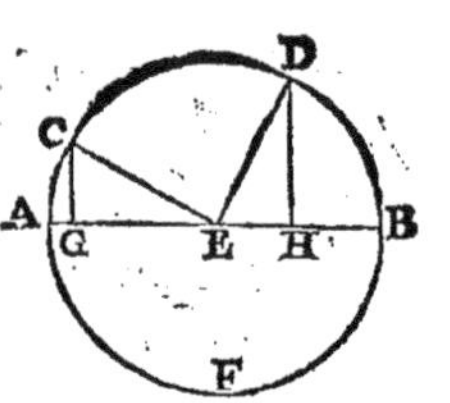

Au reste pour donner une conoissance certaine & determinée des arcs ; Les Geometres se sont avisés d'une excellente maniere : En ce qu'ils ont supposé que le cercle entier fût divisé en 360 parties qu'ils appellent *des degrés*, & chaque degré en 60 parties appellées *minutes*, & chaque minute en 60 autres appellées *secondes*, & chaque seconde en 60. *tierces* & ainsi par la même progression à l'infini.

Ainsi chaque angle sera dit être de tant de Degrés, que l'arc compris entre ses Côtés contient de parties de toute la circonference divisée en 360 ; Comme si l'arc A C en contient 30 l'angle A E C sera de 30 degrés, & l'angle A E D de 120 degrés ; si l'arc AD contient 120 de ces parties ; & l'angle CED 90 degrés, si l'arc ED en contient autant, & ainsi des autres. Ou il faut remarquer que pour la mesure des angles il n'importe que le cercle soit grand ou petit ; & il suffit d'entendre que l'angle a toûjours autant de degrés qu'il y en a dans l'arc qu'il contient, & chaque arc est dit avoir autant de degrés qu'il contient de parties, dont toute la circonference en a 360.

Que si dans le cercle on produit un des côtés qui font l'angle, ensorte qu'il soit le diametre du cercle, sur lequel on laisse tomber une perpendiculaire de l'extremité de l'autre côté ; cette perpendiculaire s'appellera *le sinus de l'angle*, comme la Ligne CG, (qui tombe à plomb sur le côté ou diametre AB de l'extremité C de l'autre côté CE,) est le sinus de l'angle AEC ; comme aussi le Sinus de l'angle BEC qui est le supplement de l'angle AEC ; & la ligne DH est le Sinus de l'angle BED : & de son supplement AED ; & ainsi des autres.

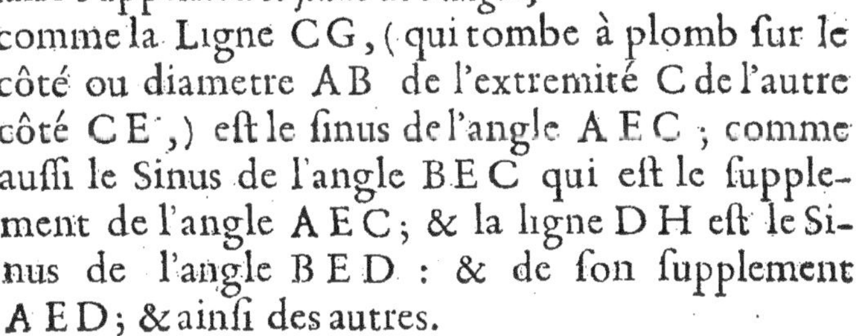

Et comme il est demontré dans les Elemens Geometriques que les côtés d'un Triangle ont entr'eux la même raison que les Sinus des angles qui leur sont opposés, comme dans le triangle ABC, le côté AB à la même raison au côté BC, que le Sinus de l'angle C opposé au côté A B , est au Sinus de l'angle A opposé au côté B C. Et le côté B C est au côté A C, comme le Sinus de l'angle A est au Sinus de l'angle B, & ainsi des autres.

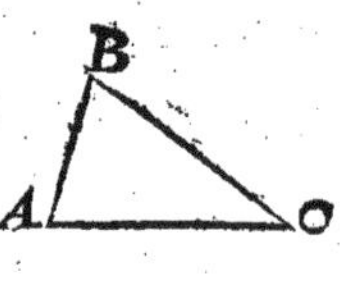

Il s'ensuit qu'ayant conoissance des Sinus des angles d'un triangle, vous venez facilement à sçavoir quelle est la proportion des côtés ; & au contraire en conoissant les côtés, vous pouvés sçavoir la proportion des angles.

Les Sinus des angles se conoissent par la proportion qu'ils ont au demi diametre ou rayon du cercle, comme la Ligne CG, qui est le Sinus de l'angle A E C & de son Complement B E C, se conoît par la relation qu'elle a à la Ligne A E, qui est le rayon ou demi diametre du cercle A F B D. Et pour exprimer cette relation par des mesures certaines & determinées ; les mêmes Geometres se sont avisés de supposer que le rayon ou demidiametre du cercle fut divisé en un tres grand nombre de parties égales, comme par exemple en 100000, dont ils en ont donné autant à chacun des Sinus qu'ils ont reconu, par les regles de la Geometrie Speculative, que ce Sinus en devoit avoir sur cette hypothese, comme à la ligne C G, qui est le Sinus de l'angle A E C de 30 degres, Ils ont donné 50000 de ces parties, parce qu'en effet dans le triangle C E G, dont l'angle CEG, ou AEC est de 30 degrés, le côté CG est égal à la moitié du côté CE ou AE qui est le rayon ; Ensorte que si l'on suppose que le côte EC. ou le rayon du cercle contiene 100000 parties, la Ligne CG en contiendra 50000. Tout de même la Ligne DH Sinus de l'angle BED de 60. degrés à 86602 de ces parties dont le rayon DE en contient 100000.

C'est à dire que recherchant par un calcul laborieux le nombre de chacune de ces parties qui pouvoient apartenir au Sinus de chaque degré du Cercle & même à ceux de chacune des minutes ; Ils en ont fait des tables tres-utiles que l'on appelle, *Les Tables des Sinus*, ou sont decrits les nombres de ces parties qui conviennent aux Sinus, non seulement de chaque degré depuis 1 jusqu'à 90 mais même de chacune des minutes ; Les tables ne passent point 90 degrés, parce que les Sinus des angles qui sont plus grands qu'un droit sont les mêmes que les Sinus de leurs supplemens.

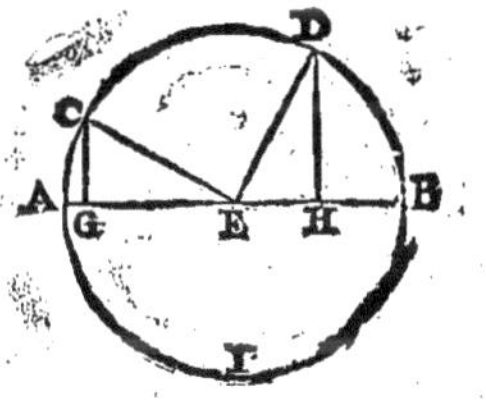

Par le moyen de ces nombres, la proportion des côtés de quelque triangle que ce soit se peut facilement conoître par la conoissance des angles à l'aide de la regle d'or ou de trois. Comme par exemple, si dans le triangle EGC, Je sçay que l'angle GEC est de 30 degrés, l'angle G C E de 60 degrés, & le côté GE, de 50 toises; & je veux sçavoir de qu'elle longueur est le côté CG. Je disposeray ma regle de Trois en cette maniere.

Sin. G C E. 60. d. —	*Sinus* G E C 30. d. ‖	*comme* G E —	G C.
86602. —	50000. ‖	50. th. --	28. th. 5. *pieds.*

Par laquelle je diray que la Longueur du côté C G est de 28. th. & quelque peu plus de 5. pieds.

Mais comme les operations de la Regle de trois qui se font par la multiplication & division des grands nombres des Sinus sont longues & ennuyeuses, l'on a inventé d'autres tables que l'on appelle *les tables des Logarithmes*, ou les nombres qui repondent à ceux des Sinus y sont de telle nature, qu'ils peuvent servir à toutes les operations de la regle de trois par la seule addition & soustraction, qui se font par ce moyen avec une facilité & une promptitude infiniment plus grande que par celles des multiplications & divisions des nombres de la table des Sinus.

Au reste il y a des Instrumens qui servent à mesurer la capacité des angles, comme sont le *Graphometre*, le *Quarré Geometrique*, *l'Astrolabe*, & plusieurs autres; qui sont composés d'un Limbe ou les degrés sont marqués & de certaines regles mobiles à l'entour d'un centre avec des pinules que l'on peut dresser vers les objets, afin de conoître par leur ouverture la quantité de degrés contenus dans l'angle que font les rayons visuels qui passans par les pinnules vont aux objets.

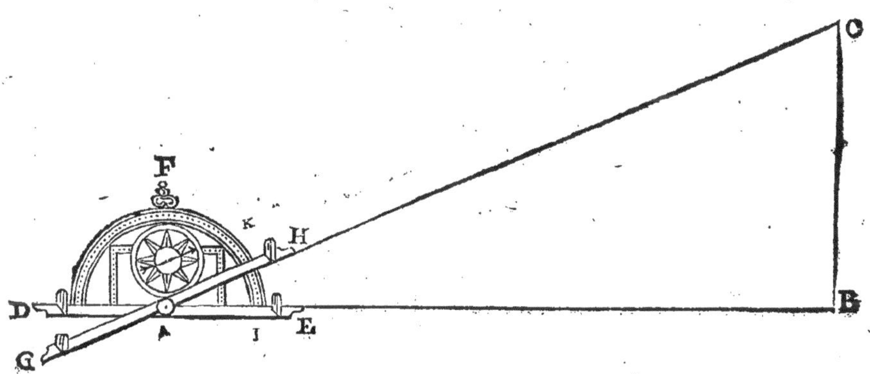

Comme s'il falloit sçavoir la capacité de l'angle B A C, il faudroit mettre le centre de l'Instrument D F E au point A, dresser une des regles D E en telle sorte que le rayon visuel passant par les pinnules D & E aille rencontrer l'objet B, au même temps que l'autre regle G H est dressée de maniere que le rayon visuel passant par les pinnules G & H, rencontre l'autre objet C; Car par ce moyen l'arc I K qui est fait dans le limbe de l'instrument par les deux regles, marquera la capacité de l'angle B A C.

Au reste, comme il est demontré dans les Elemens que les trois angles d'un triangle rectiligne, quel qu'il puisse être, sont toûjours égaux à deux droits, c'est à dire à 180 degrés. Il est facile de voir que si nous conoissons deux angles quels qu'ils soient d'un triangle nous pouvons facilement venir à la conoissance du troisiéme ; puisqu'il ne faut que soustraire la somme des deux angles conus, de celle des deux angles droits, c'est à dire de 180 degrés pour avoir le reste pour la capacité du troisiéme. Comme si dans le triangle ABC, l'angle A est conu par ex. de 30 degrés & l'angle B droit, c'est à dire de 90 degrés, leur somme est de 120 degrés, laquelle ètant ôtée de 180 laisse 60 degrés, pour la grandeur du troisiéme angle C.

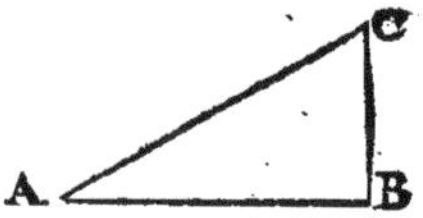

Aprés avoir bien entendu ce que nous avons expliqué cy-dessus, nous pouvons maintenant parler avec assurance de la mesure des grandeurs inaccessibles que nous expliquerons par des petits Problêmes.

I. PROBLEME.

Mesurer une hauteur perpendiculaire à l'horison.

Soit la hauteur comme d'une Tour AB, perpendiculaire à l'horison, qu'il faille mesurer. Prenés telle distance qu'il vous plaira dans le plan horisontal, comme AC, que je supose accessible, afin que vous la puissiés mesurer actuellement depuis le pied de la tour A jusqu'en C, & soit par ex. de 60 toises, puis prenés l'angle

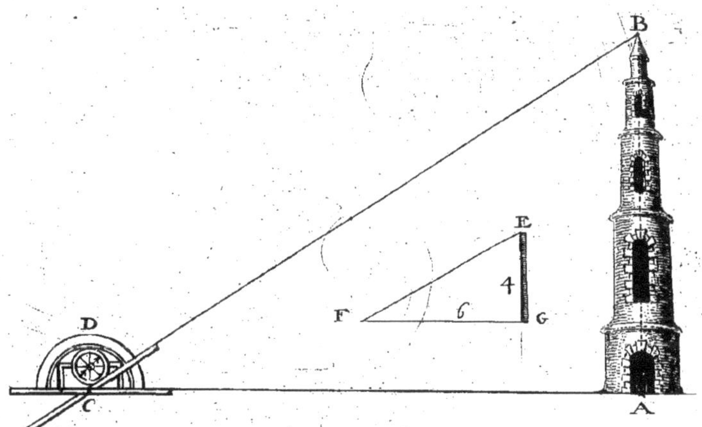

ACB qui eſt fait par la ligne A C & par le rayon viſuel porté du point E vers le ſommet B de la hauteur propoſée A B, Et cet angle ſoit par ex. de 30 degrés. Et parce que la Ligne A B eſt ſupoſée perpendiculaire à l'horiſon, dans le triangle C A B l'angle A eſt de 90 degrés. Et partant ſi j'ôte la ſomme des angles A 90 & C 30 C'eſt à dire 120, de 180, Il me reſtera 60 degrés pour l'angle B; ainſi tous les angles & le côté A C ſeront conus dans le même Triangle, & par la regle de trois, nous aurons la meſure de l'autre côté A B en cette maniere,

Sin. de l'angle B ——	*Sin. de l'angle* C.	‖ *Le côté* A C ——	*au côté* A B.
60. *deg.*	30. *deg.*		
86602. ——	50000.	‖ 60. *th.* ——	34. *th.* 4. *p.*

Et

Et par l'operation de la regle nous trouvons que la hauteur proposée AB est de 34 toises & peu plus de 4 pieds.

II. PROBLÈME.

Autrement.

Cette proposition se peut facilement resoudre par le moyen de l'ombre du Soleil en cette sorte. Dressés dans le plan de l'horison où est la Tour AB, un bâton comme GE à plomb, de telle hauteur que vous voudrés, comme de 4 pieds, & mesurés la longueur de l'ombre qu'il jette GF, qui soit comme de 6 pieds; faites dans le même moment mesurer la longueur AC de l'ombre de la Tour AB dans le même plan qui soit par ex. de 52 toises; & faites une regle de trois en cette maniere.

L'ombre du bâton	—	*Hauteur du bâton.*	‖	*L'ombre de la Tour*	—	*Hauteur de la Tour.*
FG	—	GE.	‖	AC	—	AB
6 pi.	—	*4 pi.*		*52 th.*	—	*34 to. 4 pi.*

Par laquelle vous trouverés la même hauteur AB de 34 toises 4 pieds.

III. PROBLÈME.

Mesurer une profondeur perpendiculaire.

Soit la profondeur perpendiculaire comme

S

d'un puits A B, qu'il faille mesurer. Sa largeur A D soit de 6 pieds, l'angle G A E ou D A C de 75 degrés. Et puisque l'angle A D C est de 90 degrés, Si nous ôtons la somme des deux 165 degrés de 180, il restera 15 degrés pour l'angle A C D ; & partant dans le triangle A D C, les trois angles sont conus & le côté A D ; d'où l'on conoîtra facilement le côté D C par la regle de trois en cette maniere.

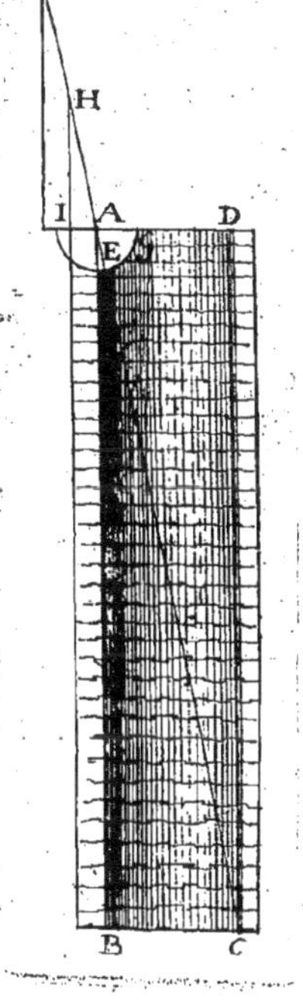

Sin. A C D —	*Sin.* D A C.	‖	A D —	D C.
15 *deg.*	75 *deg.*			
25882	96593	‖.	6 *p.* —	22 *p.* 5 *po.*

Par laquelle nous trouvons que la ligne D C ou A B, c'est à dire la profondeur que nous voulons mesurer est de 22 pieds 5 pouces.

IV. PROBLEME.

Autrement.

Vous pourrés peut être plus comodement mesurer la même profondeur sans instrument en cette maniere. Reculés en arriere sur la ligne D A prolongée, comme jusqu'au point I, en telle sorte que le rayon partant du fonds du puits C vers vôtre œil H, touche le bord en A. Ensuite mesurés precisement la distance I A, qui soit comme de 1 pied 10 pouces, & la hauteur de vôtre œil I H de 4 $\frac{1}{2}$ pieds. Et par ce qu'il y a même proportion de la distance A I à la hauteur I H, que de la largeur du puits A D à sa profondeur D C, faites une regle de trois en cette maniere.

AI	—	IH.	‖	AD	—	DC *ou* AB.
1 pi. 10 po.	—	4 $\frac{1}{2}$ *pi.*	‖	*6 pieds.*	—	*22 pi. 5 pouces.*

Par laquelle vous trouverés la même profondeur de 22 pieds 5 pouces.

V. PROBLEME.

Mesurer une Distance horisontale accessible seulement à un de ses bouts.

Soit à mesurer la ligne A B, seulement accessible à un de ses bouts, comme A. Au point A dressés vôtre instrument ensorte qu'une de ses regles regarde le point B, & l'autre regle soit tournée vers un autre point comme C, qui soit accessible du point A & dans le plan horisontal où est la ligne AB; & l'angle C A B soit comme de 95 degrés. Ensuite aprés avoir actuellement

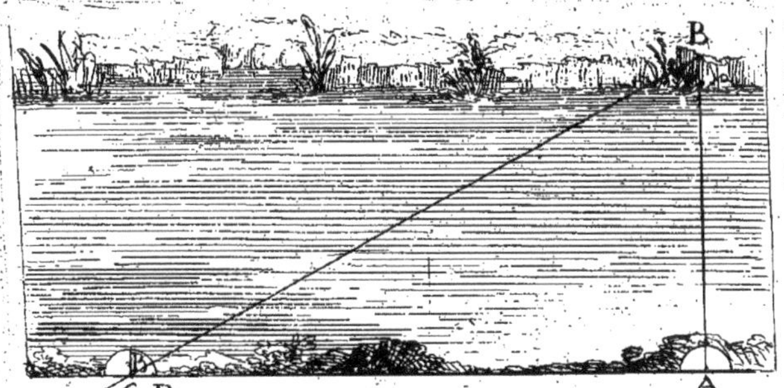

mesuré la distance A C, qui soit par ex. de 50 toises ; transferés vôtre Instrument au point C, & dressés ses deux regles vers les deux points A & B, & que l'angle D E C ou A C B soit par ex. de 25 degrés, puis ôtés la somme des deux angles A de 95 degrés, & C de 25 c'est à dire 120 de 180 : afin d'avoir 60 degrés, pour l'angle B : & faites une regle de trois en cette sorte.

Sin. B 60 *degrés* —— *Sin.* C. 25 *degrés* || C A —— A B.
86602. ———— 42262. || 50 *to.* —— 24 *to.* 2 *p.* 5 *po.*

Par laquelle nous conoissons que la distance A B est de 24 to. 2 pieds & prés de 5 pouces.

VI. PROBLEME.

Autrement.

Pour mesurer la même distance A B sans Instrument il faut reculer en arriere du point A, & prendre sur la ligne B A prolongée une distance conuë A C, comme de 10 toises, & une autre

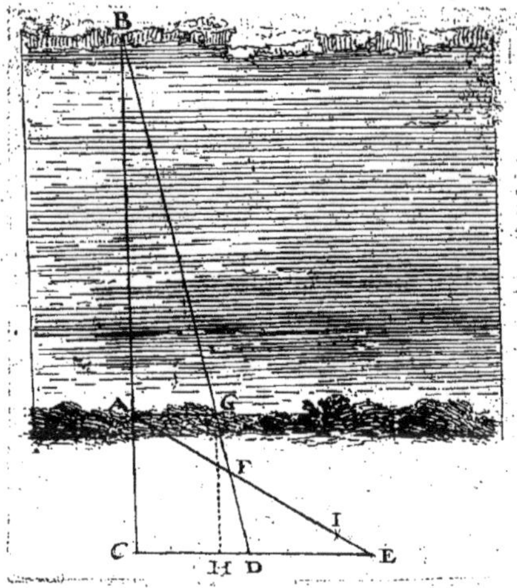

CD comme de 7 ½ toises, qui fasse quelqu'angle que ce soit avec AC; puis s'imaginer la Ligne DB qui partant du point D, aille vers le point inaccessible B de la Ligne AB, & passe au point G où elle coupe AG menée parallele à CD: laquelle ligne AG doit être exactement mesurée, afin que par la conoissance des trois lignes AC, AG, & CD, nous ayons celle de la longueur inaccessible AB, à cause qu'il y a même raison de la ligne HD, difference des deux lignes CD & AG, à la ligne AG, que de la ligne CA à la ligne AB. Et partant si la ligne AG est de 5 toises 1 pied 11 pouces, la ligne HD sera de 2 to. 1 pi. 1 po. Et l'on pourra faire une Regle de trois en cette sorte.

HD —— AG	‖	AC —— AB.
2 to. 1 pi. 1 po. —— 5 to. 1 pi. 11 po.	‖	10 to. —— 24 to. 2 pi. 5 po.

VII. PROBLEME.

Encore autrement.

Si l'on juge qu'il soit dificile de mener la ligne AG precisement parallele à CD; L'on peut se servir d'une autre pratique. Aprés avoir pris comme en la precedente, sur la ligne AB prolongée, la ligne AC d'une longueur conuë comme de 10 toises, & la ligne CE à fantaizie, dont la moitié soit CD; Il faut s'imaginer deux lignes dont l'une soit DB, menée du point D vers le bout inaccessible de la ligne AB, & l'autre soit EA menée du point E vers l'autre bout A, lesquelles se coupent en F; puis mesurer les deux portions EF & FA; & par la conoissance des trois lignes AC, EF & FA, nous pourrons avoir celle de la ligne AB; parce qu'il y a même proportion de la ligne EI difference des deux EF & FI ou son égale FA, à la ligne FA, que de la ligne AC à AB; ainsi si par exemple, l'on trouve que la ligne EF soit de $7\frac{1}{2}$ toises, & la ligne AF ou son égale FI de 5 to. 1 pi. 11 po.; l'on aura 2 to. 1 pi. 1 po. pour leur difference EI, & l'on pourra faire une regle de trois en cette maniere.

E I	——	A F	‖	A C	——	A B.
2 to. 1 pi. 1 po.	——	5 to. 1 pi. 11 po.	‖	10 to.	——	24 to. 2 pi. 5 po.

Par laquelle nous trouverons la même longueur de 24 to. 2 pi. & 5 pouces pour celle de la ligne A B.

VIII. PROBLEME.

Mesurer une hauteur inaccessible dont les deux bouts peuvent être veus.

Soit à mesurer la hauteur inaccessible A B, dont on peut voir les deux extremités A & B. Il faut premierement prendre un point dans le plan accessible comme C, & chercher la mesure de la distance A C par l'un des trois derniers problêmes, qui ſoit par exemple de 60 thoiſes, puis prendre avec l'Inſtrument l'angle ACB, comme de 30 degrés. Et comme l'angle au point A eſt droit; l'angle CBA ſera de 60 degrés. Et partant nous pouvons faire cette Regle de trois.

Sin. CAB —	*Sin.* ACB.	‖	AC —	AB.
60 *d.* —	30 *d.*			
86602 —	50000.	‖	60 *to.* —	34 *to.* 4 *pi.*

Qui nous fait voir que la hauteur AB eſt de 34 toiſes & 4 pieds.

IX. PROBLEME.

Autrement.

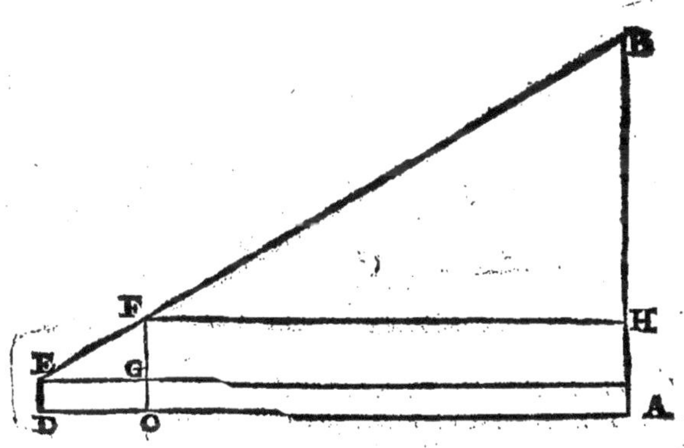

Pour trouver la même hauteur ſans Inſtrument il faut comme deſſus rechercher par le 6 ou 7 Problême la diſtance de la Ligne AC, qui ſoit comme de 60 toiſes; & planter à plomb une pi-

que

que ou autre chose C F au point C, puis reculer en arriere vers le point D jusqu'à ce que le rayon du sommet B de la hauteur A B, passant par le bout de la pique F vienne à l'œil comme en E; moyennant quoy si l'on s'imagine deux lignes E G & E F paralleles à A C, elles feront deux triangles E G F & F A B, qui auront les côtés proportionels, ensorte qu'il y aura même raison de la Ligne E G, ou son égale D C à G F, que de F H ou A C à H B, de maniere que si nous prouvons par la mesure exacte de ces lignes que D C ou E G est comme de 26 $\frac{1}{2}$ p., D E de 4 p. & C F de 18 p.; La Ligne F G sera de 14 p. Et partant nous pourrons faire cette regle de trois.

EG — GF	‖	FH — HB.
26 $\frac{1}{2}$ *p.* — 14 *p.*	‖	60 *th.* — 31 *th.* 4 *p.*

Par laquelle nous trouvons que la Ligne B H est de 31 th. 4 pi.; à laquelle si nous ajoutons la hauteur A H égale à C F de 3 th.; nous aurons 34 th. 4 p. pour toute la hauteur A B.

X. PROBLEME.

Encore autrement.

Nous aurons la même mesure par une pratique plus aisée avec un miroir. Soit comme dessus la Ligne A C trouvée de 60 toises & mettés au

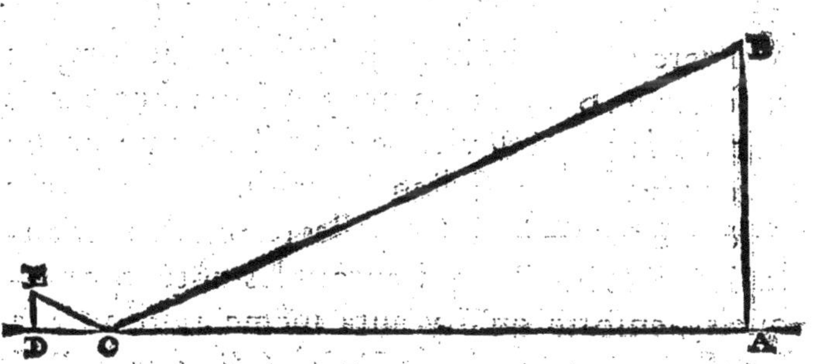

point C un miroir ou autre corps qui reflechisse ; puis reculés en arriere, comme vers le point D, jusqu'à ce que vous voyez le sommet B de la hauteur A B, & mesurés exactement la distance D C, & la hauteur de vôtre œil D E, car par ce moyen vous aurez deux triangles D C E & A C B, dont les côtés sont proportionels, & il y aura la même raison entre les deux lignes C D & D E, qu'entre les deux C A & A B, de sorte que si la hauteur D E est comme de 5 pieds, & la Ligne C D comme de 8 $\frac{2}{3}$ pieds, nous ferons une regle de trois en cette sorte.

DC	—	DE	‖	AC	—	AB
8 *p.* 8 *po.*	—	5 *p.*	‖	60 *to.*	—	34 $\frac{2}{3}$ *to.*

Qui nous donne la mesure juste de 34 to. 4 pi. pour la hauteur A B.

XI. PROBLEME.

Mesurer une hauteur perpendiculaire inaccessible & veüe seulement par le sommet.

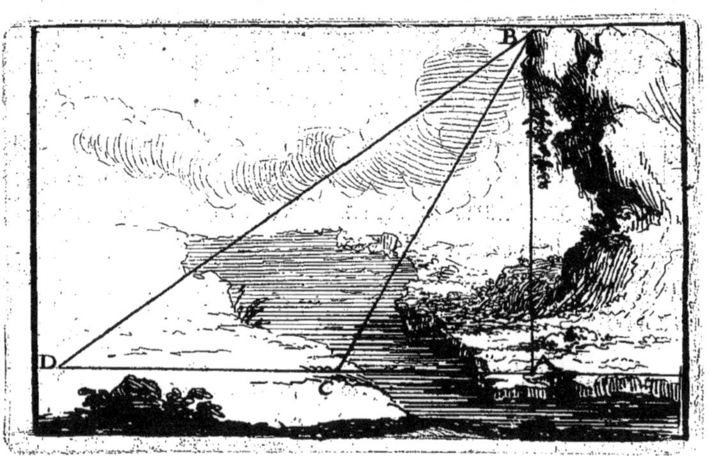

Soit à mesurer une hauteur inaccessible AB, (comme d'une montagne au dela d'une riviere:) dont l'on decouvre seulement le sommet B. Cela se fait par deux positions de l'instrument que l'on appelle par deux Stations. Au point C pris dans l'horison accessible soit mis l'instrument ensorte que la regle C A soit parallele à l'horison (ce qui se fait par le moyen d'un plomb ou d'un niveau,) puis soit pris l'angle A C B qui soit par ex. de 60 degrés & soit reculé en arriere sur la ligne A E prolongée jusqu'en D, où l'instrument soit derechef posé en la même maniere par lequel l'angle A D B soit pris comme de 36 degrés. Et la distance C D étant mesurée exactement, soit comme de 50 to. Maintenant puisque l'angle ACB de 60 degrés est égal aux deux angles C D B de 36 degrés, & C B D du triangle C B D, il ne faut que soustraire 36 de 60 pour avoir 24 degrés pour l'angle C B D; & l'angle D C B étant le complement de l'angle A C B, est de 120 degrés. Nous avons donc dans le triangle C B D les trois angles conus & le côté D C, par où nous pouvons conoître la mesure de la Ligne D B, par cette regle de trois.

Sin. D B C. 24 *deg.* —— *Sin.* D C B. 120 *deg.* || D C —— C B

40674 —————— 86602. || 50 *to.* —— 106 *th.* 2 $\frac{3}{4}$ *p.*

Qui nous donne 106 th. 2 $\frac{3}{4}$ p. pour la longueur de la ligne D B. Il faut ensuite considerer le triangle D A B, dans lequel l'angle A est droit, & les deux angles D & A B D égaux à un droit; de sorte qu'ôtant l'angle D 36 degrés de 90 d., il restera 54 degrés pour l'angle D B A; & partant dans le triangle D A B, tous les angles étans conus & le côté D B, nous aurons la conoissance du côté A B par cette regle de trois.

Sin. D A B. 90 *deg.* —— A B D 36 *deg.* || D B —————— A B.

100000 —————— 58779. || 106 *th.* 2 $\frac{3}{4}$ *p.* —— 62 *th.* 3 $\frac{1}{2}$ *pi.*

Laquelle nous donne 62. to. 3 ½ p. pour la hauteur perpendiculaire de la montagne A B.

XII. PROBLEME.

Autrement.

Si l'on veut trouver la même mesure sans Instrument ; il faut du point C , faire porter en avançant vers le point A comme en E , une pique à plomb E F , ensorte que le rayon venant

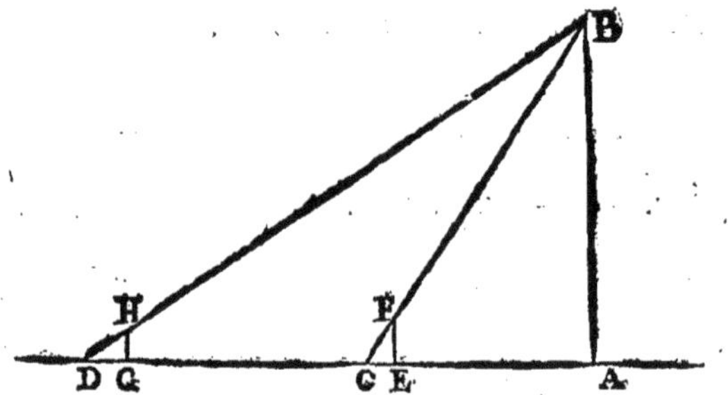

du point B à l'œil posé en C passe par le bout de la pique F, & mesurer exactement la distance C E & la hauteur E F. Ensuite il faut reculer sur la même ligne E C continuée comme au point G , ou faut planter la même pique à plomb & chercher dans la même ligne le point D , ou le rayon venant du sommet B passe à l'œil par le bout de la pique H , & mesurer exactement les deux intervales C D & G D ; par le moyen desquels nous aurons la conoissance de la hauteur inaccessible AB. Car comme il y a même raison de la difference des deux lignes DG & CE à la ligne CE que de la Ligne DC à AC ; & même raison de la ligne EC à la hauteur de la pique EF, que de AC à AB ; & de la ligne GD à GH, que de DA à AB. Si nous trouvons par exemple que la ligne CD soit de 50 toises, GD. 24 $\frac{3}{4}$ pi. & CE 10 pieds 5 pouces : EF 18 pieds. La difference des deux GD & CE sera de 14 pieds 4 pouces. Et partant pour avoir la distance AC, nous ferons cette regle de trois.

DG *moins* CE —	CE	‖	DC —	AC
14 $\frac{1}{3}$ *p.* —	10 *p.* 5 *po.*	‖	50 *to.* —	36 *to.* 1 *p.*

Qui nous donnera 36 to. 1 p. pour la distance AC, qui ajoutée à CD de 50 th. donnera 86 to. 1 p. pour AD ; par le moyen desquels nous ferons l'une ou l'autre de ces deux Regles de trois.

CE —	CF	‖	AC —	AB.
10 *p.* 5 *po.* —	18 *p.*	‖	36 *to.* 1 *p.* —	62 *to.* 3 *p.*

DG —	GH	‖	AD. —	AB
24 *pi.* 9 *po.* —	18 *pi.*	‖	86 *to.* 1 *p.* —	62 *to.* 3 *p.*

Qui nous donnera la même hauteur de la ligne AB de 62 toises 3 pieds.

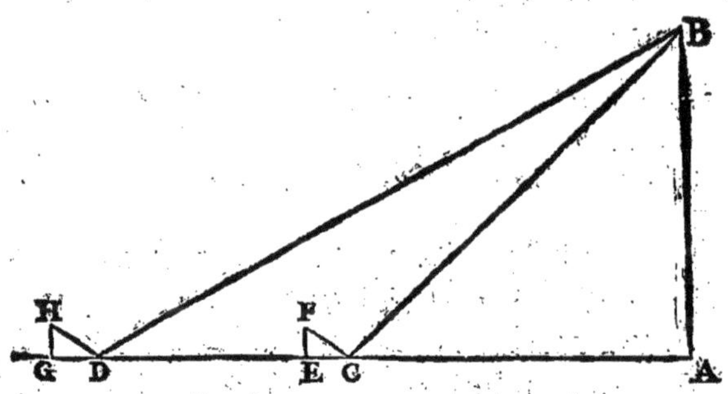

Vous pourrés faire la même chose par le moyen d'un miroir en cette sorte. Mettés un miroir au point C, & reculés en arriere vers E, jusqu'à ce que vous y voyez le sommet B, & marqués exactement la distance CE & la hauteur de vôtre œil EF : en suite sur la ligne CE continuée, choisissés un autre point comme D pour y mettre vôtre miroir ; & reculés dans la même ligne comme en G, en sorte que vous y voyez le même sommet B ; puis ayant exactement mesuré les deux distances CD & DG, vous aurés même raison entre la difference des deux lignes GD & EC & la distance EC, & entre l'intervalle DC & la ligne AC ; & même raison de la distance CE à la hauteur EF, que de la ligne AC à AB, & de la distance GD à la même hauteur de l'œil GH que de la longueur AD à la même hauteur

AB. Et partant si DC est de 50 to. EF ou GH de $4\frac{1}{2}$ pieds, GD de 6 p. $2\frac{1}{4}$ po. & EC 2 pi. $7\frac{1}{4}$ po. la difference de GD & EC sera de 3 pi. 7 po. & faisant une regle de trois.

GD *moins* CE —	CE ‖	CD —	AC
3 pi. 7 po. —	*2 pi 7 $\frac{1}{4}$ po.*	*50 to.* —	*36 to. 1 p.*

Nous aurons 36 toises 1 p. pour la distance AC; laquelle jointe à la distance CD de 50 to. nous donnera 86 th. 1 p. pour la Ligne AD; par le moyen desquelles nous pourrons avoir la hauteur AB en deux manieres ainsi.

EC —	EF ‖	AC —	AB
2 pi. 7 $\frac{1}{4}$ po. —	*4 $\frac{1}{2}$ pi.*	*36 to. 1 p.* —	*62 to. 3 p.*
GD —	GH ‖	AD —	AB.
6 p. 2 $\frac{1}{4}$ po. —	*4 $\frac{1}{2}$ pi.*	*86 to. 1 p.* —	*62 $\frac{1}{2}$ to.*

Et ces deux regles de trois nous donneront toûjours la mesure de 62 to. & 3 p. pour la hauteur inaccessible de la montagne AB.

XIII. PROBLEME.

Mesurer la distance de deux Lieux inaccessibles.

Les deux lieux inaccessibles soient A & B, dont il faut mesurer l'intervale AB. Ayant pris dans le plan

plan accessible deux points comme C & D, d'où les deux lieux A & B peuvent être vûs ; Il faut premierement mettre l'Instrument en C, & prendre les angles comme ACB de 40 deg. & DCA de 60 degrés, puis

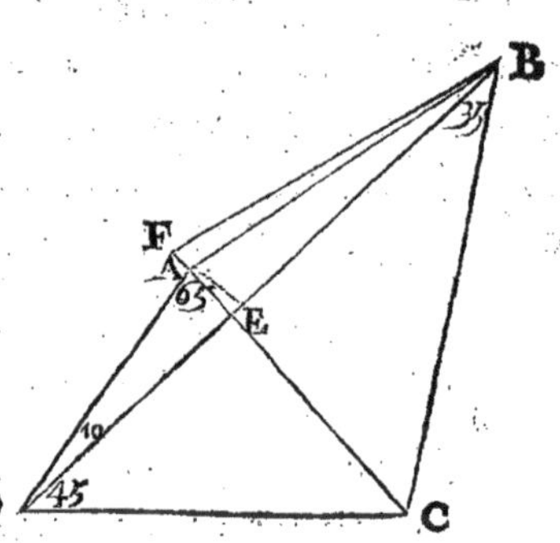

ayant exactement mesuré la distance CD, qui soit comme de 72 toises ; Il faut raporter l'Instrument en D, & prendre les angles ADB comme de 10 degrés, & CDB comme de 45 degrés. Aprés quoy il sera aisé de venir à la conoissance de la ligne AB ; parce que par le moyen du triangle DAC nous conoîtrons la ligne DA, & la ligne DB par celui du triangle DBC ; & par la conoissance de ces deux côtés & de l'angle ADB, dans le triangle DAE ; nous sçaurons qu'elle est la mesure & de la perpendiculaire AE & de la ligne DE, & par consequent de BE, dont le quarré joint à celui de AE nous donnera le quarré de la ligne AB, qui est l'hypotenuse du triangle rectangle AEB.

Puis donc que l'angle ADB est de 10 deg. & BDC de 45, l'angle ADC sera de 55 deg. qui joints à 60 deg. de l'angle ACD font 115 pour leur somme, qu'il faut ôter de 180 pour avoir 65 degrés pour l'angle DAC; & partant dans le triangle DAC, dont tous les angles sont conus & le côté DC, nous conoîtrons le côté AD par cette regle de trois.

Sin. DAC. 65 *deg.* —— *Sin.* ACD 60 *d.* || DC —— AD.
90631. —————— 86602. 72 *to.* —— 68 *to.* 4 *pi.* 8 *po.*

Par laquelle nous trouvons que la ligne AD est de 68 toises 4 pi. 8 po.

Tout de même l'angle ACD étant de 60 deg. & ACB de 40, l'angle DCB sera de 100 deg. qui ajoutés à l'angle CDB de 45 deg. feront 145 pour leur somme, qu'il faut ôter de 180 pour avoir 35 degrés pour l'angle DBC; & partant dans le triangle DBC dont les trois angles sont conus, & le côté DC: Nous conoîtrons le côté DB par cette regle de trois.

Sin. DBC 35. *deg.* —— *Sin.* BCD 100 *deg.* || DC —— DB.
57358 —————— 98481. || 72 *to.* —— 123 $\frac{2}{3}$ *to.*

Qui nous donne 123 toises 4 pieds pour la ligne DB.

Maintenant parce que dans le triangle DAE l'angle AED est droit, à cause que AE a été menée du point A perpendiculaire sur DB, & l'angle ADE est de 10 degrés, l'angle DAE sera de 80 degrés; & partant nous pourrons conoître les deux lignes A E & D E, par cette regle de trois double.

Sin. A E D 90 *deg.* —	*Sin.* A D E 10 *deg.*	‖	— A E 12 *to.*
100000.	17365.		A D 68 *to.* 4 *pi.* 8 *p.*
—	*Sin.* D A E 80 *deg.*		— D E
	98481.		67 *to.* 4 *pi.* 4 *po.*

Qui nous donne 12 toises pour la perpendiculaire A E, & 67 to. 4 pieds 4 po. pour la ligne D E, laquelle étant ôtée de la ligne D B, de 123 toises 4 pi. il restera peu moins de 57 to. pour la ligne B E, dont le quarré 3249 joint au quarré de A E 144, fait 3393, dont il faut tirer la racine quarrée de 58 toises peu plus, pour la mesure recherchée de la ligne A B.

Autrement.

Nous pourrions nous servir des deux lignes C B & C A & de la perpendiculaire B F pour avoir la même mesure en cette maniere. Dans le triangle A D C & B D C, tous les angles étans conus & un des côtés D C, l'on peut faire une regle de trois double.

Sin. D A C 65 *deg.* —	*Sin.* A D C 55 *deg.*	‖	— A C. 65 *to.*
90631	81915	D C 72 *to.*	
Sin D B C 35 *deg.* —	*Sin.* B D C 45 *deg.* —		— B C
57358	70711		88 *to.* 4 ½ *p.*

Laquelle nous donne 65 toiſes pour le côté A C, & 88 toiſes 4 pi. 6 po. pour le coté B C. Maintenant dans le triangle C F B, dont le côté C B eſt conû, l'angle F droit & l'angle B C F de 40 degrés ; l'angle F B C ſera de 50 deg. Et partant nous pourrons conoître les deux lignes B F & C F par cette regle de trois double.

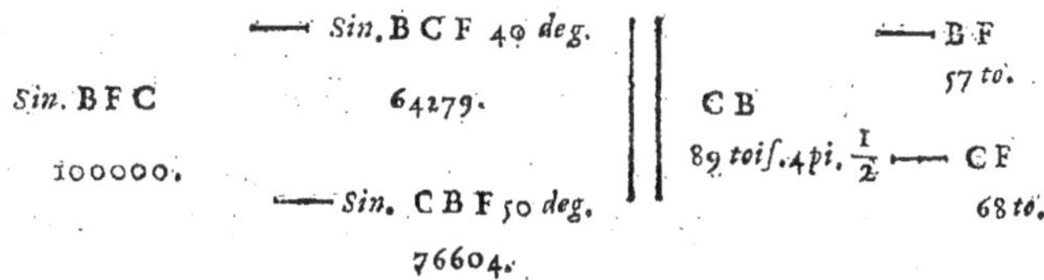

Sin. B F C 100000.	⟵ *Sin.* B C F 40 *deg.* 64279.	C B 89 *toiſ.* 4 *pi.* $\frac{1}{2}$	⟵ B F 57 *to.*
	⟵ *Sin.* C B F 50 *deg.* 76604.		⟵ C F 68 *to.*

Par où nous avons 57 toiſes pour la perpendiculaire B F, & 68 toiſes pour la ligne C F ; d'où il faut ôter la ligne A C de 65 toiſes pour avoir 3 toiſes pour la ligne A F, dont le quarré 9 joint à 3259 quarré de la ligne B F 57 toiſes fait 3268, dont la racine quarrée fait à peu pres 58 toiſes pour la longueur de la ligne A B.

XIV. PROBLEME.

Autrement.

Si l'on veut trouver la même mesure sans se servir des angles ni d'instrumens : il faut du point comme C, rechercher par un des problêmes cy-dessus la longueur des deux lignes CA, qui soit par exemple trouvée de 65 to. & CB de 88 toises $4\frac{1}{2}$ pi. ; Puis prendre sur la ligne CA le point I à fantaisie, & mesurer exactement la distance CI qui soit comme de 10 to. Et comme si l'on s'imagine une ligne IK parallele à AB, la ligne CK sera 4e. proportionelle aux trois CA, CB & CI ; partant pour trouver la longueur de la même CK, Il ne faut que faire cette regle de trois.

CA —	CB	‖ CI —	CK
65 to. —	*88 to. $4\frac{1}{2}$ p.*	*10 to.*	*13 to. $\frac{1}{2}$*

Qui nous donne $13\frac{1}{2}$ toises qu'il faut prendre exactement sur la ligne CB depuis C jusque en K, & mesurer exactement la distance comprise entre les deux points I & K,

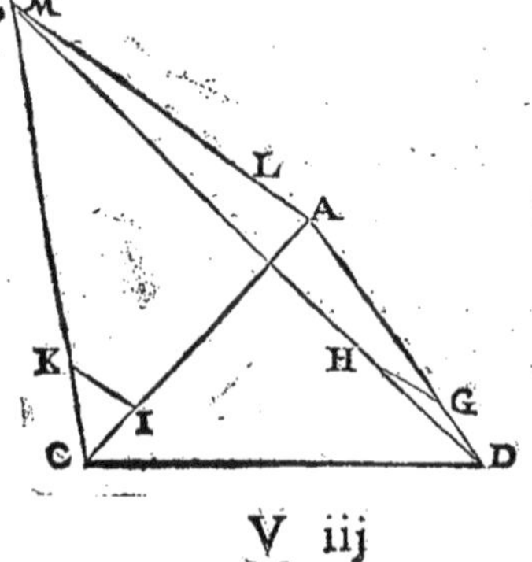

qui ſoit par ex. trouvée de 8 toiſes 5 pi. & 6 $\frac{1}{2}$ pouces. Et comme la Ligne C I eſt à I K, comme A C eſt à A B, nous aurons la meſure de cette derniere en faiſant une regle de trois en cette maniere.

CI	—	IK	‖	CA	—	AB
10 *to.*	—	8 *to.* 5 *pi.* 6 $\frac{1}{2}$ *po.*	‖	65 *to.*	—	58 *to.*

Par laquelle nous trouvons 58 toiſes pour la longueur de la ligne inacceſſible A B.

La même choſe ſe trouvera en prenant quelqu'autre point comme D & cherchant comme deſſus la longueur des lignes D A comme de 68 toiſes 4 $\frac{2}{3}$ p. & D B 123 $\frac{2}{3}$ toiſes, puis prenant la ligne D G, comme de 10 to. ſur D A, & faiſant cette regle de trois.

DA	—	DB	‖	DG	—	DH
68 *to.* 4 $\frac{2}{3}$ *pi.*	—	123 $\frac{2}{3}$ *to.*	‖	10 *to.*	—	18 *to.*

Pour avoir 18 toiſes pour la ligne D H qu'il faut prendre exactement ſur D B depuis B juſqu'en H : il faut enſuite meſurer juſte la ligne HG qui ſoit par ex. de 9 to. 8 pi. 8 $\frac{2}{3}$ po. & trouver enfin une quatriéme proportionele aux trois lignes D G, G H & D A par cette regle de trois.

DG	— GH	‖ DA	— AB.
10 *to.*	— 9 *to.* 8 *p.* 8 $\frac{2}{3}$ *po.*	‖ 68 *to.* 4 $\frac{2}{3}$ *p.*	— 58 *to.*

Qui nous donnnera 58 to. pour la longueur de la ligne inacceſſible A B.

Corollaire.

La Solution de ce Problême nous fournit deux pratiques qui ſe trovuent ſouvent utiles dans la conſtruction des bâtimens. La premiere eſt qu'il faut quelquesfois d'un point donné comme I, mener une ligne qui ſoit parallele à une autre ligne inacceſſible comme A B : Auquel cas aprés avoir pris une diſtance comme I C à volonté ſur la ligne A I prolongée & trouvée comme deſſus les longueurs C A & C B, il faut faire C K quatriéme proportionelle aux trois CA, CB & C I, & mener I K, qui ſera parallele à A B.

La deuxiéme eſt que du point comme A, il faut quelquesfois mener une ligne vers un autre point comme B qui ne peut pas être veu du point A. Auquel cas il faut choiſir un point comme C d'où l'on puiſſe voir les deux points A & B, & trouver les longueurs des lignes C A & C B ; & ayant pris C I à volonté ſur la ligne C A, & pris C K ſur la ligne C B, de telle ſorte que C I ſoit à C K comme C A eſt à C B, & mené la ligne I K ; il faut au point A faire l'angle C A L égal à l'angle CIK, & au point B l'angle CBM égal à CKI; & les deux lignes AL & BM se rencontreront directement si l'on a été exact dans les Operations.

XV. PROBLEME.

Encore autrement, sans calcul & sans Instrumens.

Soit la ligne AB inaccessible par les deux bouts. Prenés un point comme C, d'où vous puissiés voir les deux points A, B, au long des deux regles *xg*, *xh*, attachées en *x*. Puis les tenant dans cette ouverture, cherchez en avançant ou reculant un autre point comme D, d'où vous puissiez voir les mêmes points A, B, au long des regles *xg*, *xh*: Aprés quoi sans mouvoir la regle *xg*, qui est tournée vers A, dressés l'autre *xh* vers le point C, en sorte que les deux regles fassent l'ouverture *gxm*; laquelle il faut raporter en C, dressant *xg* vers B & *xm* vers un autre point comme E; puis marchant au long de la ligne CE, cherchez le point F, ou dressant *xg* vers A, l'autre regle

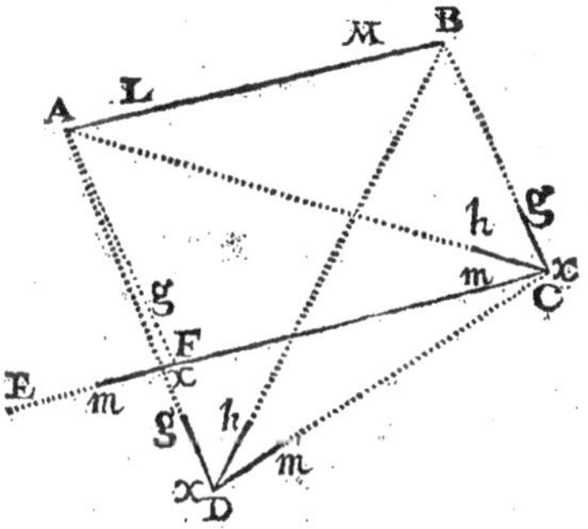

regle *x m* ſoit dreſſée vers E. Alors vous n'aurés qu'à meſurer la droite C F pour avoir la longueur de la ligne inacceſſible A B. Car les deux angles A C B, A D B étant égaux, les quatre points A B C D ſont dans un cercle, & partant les deux angles oppoſés A B C, A D C dans le Quadrilatere B D ſont égaux à deux droits. Mais l'angle B C E a été fait égal à A D C; donc A B C, B C E ſont auſſi égaux à deux droits, & les lignes A B, C E ſont paralleles. Ainſi parce que l'angle A F E externe eſt égal à ſon interne oppoſé B C E, les deux droites B C, A F ſont auſſi paralleles. Et partant B F eſt parallelograme & le côté C F eſt égal à A B.

Autrement.

S'il faut d'un point comme C mener une droite C E parallele à une inacceſſible A C; poſé que du point C l'on puiſſe voir les deux points A & C. Prenés comment nous avons fait cy-devant les deux regles *x g*, *x h* attachées en *x*, & mettez les en ſorte que voyant le point B au long de la regle *x g*, vous découvriés en même temps le point A au long de *x h*; puis cherchant un autre point comme D, duquel vous puiſſiez ſur la même ouverture de vos regles voir le point A par *x g* & le point B par *x h*: ſans changer la ſituation de la regle *x g*, tournés la regle *x h* en *m* vers le point C, & raportant l'ouverture des regles $g\,x\,m$ au même point C, en sorte que $x\,g$ regardant le point B, la regle $x\,m$ soit tournée vers un autre point comme E, vous aurez la droite C E parallele à l'inaccessible A B,

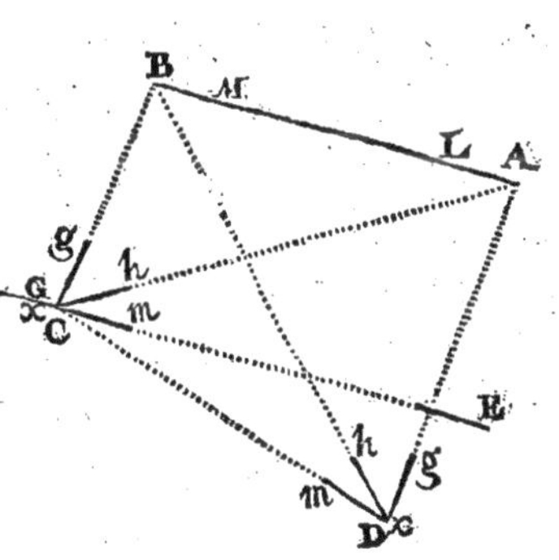

Autrement.

Dans la même figure du 15. Problême, trouvés comme nous venons de dire, la ligne C E, qui sera necessairement parallele à la droite menée par les deux points A & B ; puis faites en A sur la droite A C l'angle C A L égal à l'angle A C E ; & en B sur la droite B C l'angle C B M égal à B C G suplement à deux droits de l'angle B C E, & les deux droites B M, A L, étant continuées se rencontreront directement si les Operations ont été bien faites.

LA GEOMETRIE
DES PLANS OU SURFACES,
Appellée vulgairement l'Arpentage.

LEs *Plans*, les *Espaces*, les *Aires*, & les *Surfaces*, signifient la même chose dans cette partie de la Geometrie. Et la surface est ainsi que nous avons dit une grandeur étenduë en longueur & largeur sans profondeur, c'est à dire qui n'a que deux dimensions.

Toute grandeur ne se mesure que par des grandeurs de même nature, ainsi les lignes ne peuvent être mesurées que par des lignes, les surfaces ou plans que par de mesures planes, & les Solides que par des mesures Solides. Et comme dans la Geometrie des longueurs nous nous sommes servis de lignes droites pour mesure comme des plus simples & plus aisées à être conûes, aussi dans la Geometrie des plans, nous prendrons des quarrés pour mesure commune, comme des figures les plus simples & qui peuvent aussi être les plus facilement conües. Or comme nous avons dit qu'une ligne contenoit autant de mesures de longueur, qu'autant de fois cette mesure lui pouvoit être appliquée; Tout de même nous dirons qu'une surface aura tant de mesures quarrées, qu'autant de fois ce quarré pourra lui être appliqué en sa longueur & largeur : Ainsi nous dirons que l'aire d'une figure aura 18 to., lorsque la toise quarrée pourra être appliquée 18 fois dans son espace.

Nous rechercherons les mesures des espaces en la même maniere que nous avons fait aux mesures des lignes, nous servant de Problêmes, & commençant par les plus simples & les plus faciles.

I. PROBLEME.

Mesurer un Parallelogramme rectangle.

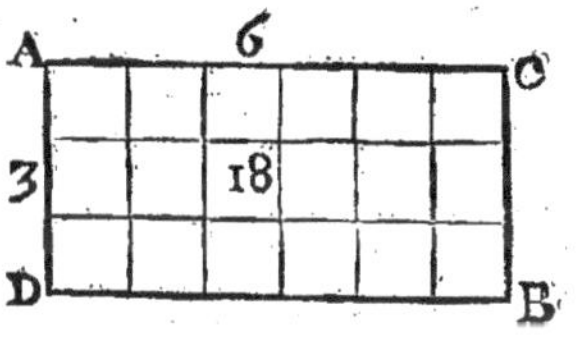

Soit un Parallelelogramme rectangle A B, dont les côtés A C & D B opposés sont égaux, aussi bien que les côtés opposés A D & C B. Mesurés la longueur de deux de ses côtés, qui contienent un angle droit comme A C & A D, & multipliés les nombres d'une des longueurs par l'autre; & vous aurez celui des mesures quarrées contenuës dans l'espace du rectangle proposé. Comme si le côté A C étoit long par ex. de 6 toises, & le côté A D de 3 toises, avec lequel A C fait un angle droit; Je n'ay qu'à multiplier le nombre 6 par 3 pour avoir 18 to. quarrées que contient l'aire du parallelogramme A B. Ce qui ſe peut voir en diviſant A C & D B en 6 parties, & A D & C B chacune en trois & tirant des lignes des points du côté A C aux points du côté D B, & d'autres en travers des points du côté A D aux points du côté C B : Car ces lignes par leur interſection nous donneront 18 eſpaces quarrés & égaux. Tout de même ſi le côté E G du rectangle E F contient 10 p. de long; & le côté E H (avec lequel E G fait un angle droit) contienne 4 pieds; ſi je multiplie 10 par 4 j'auray 40 p. quarrés pour l'aire du Rectangle E F; ce qui ſe peut conoître en diviſant E G en 10, & E H en 4, & tirant des perpendiculaires de tous les point de diviſion, qui par leur interſection marqueront 40 intervales quarrés & égaux dans le Rectangle E F.

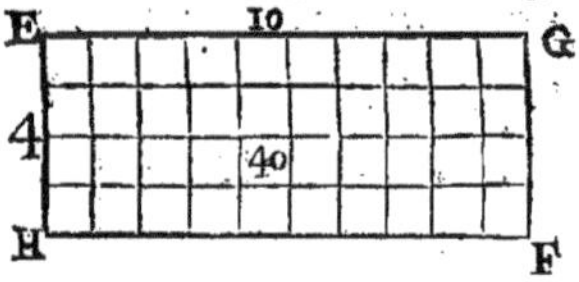

II. PROBLEME.

Meſurer un Rhomboïde ou Parallelogramme oblique.

Il faut mener d'un des angles du Rhomboïde ſur le côté oppoſé une perpendiculaire, dont la longueur multipliée par la longueur de ce même côté donnera la meſure de l'aire que l'on demande. Comme ſi dans le parallelogramme oblique ou Rhomboïde A C D B & d'un de ſes an-

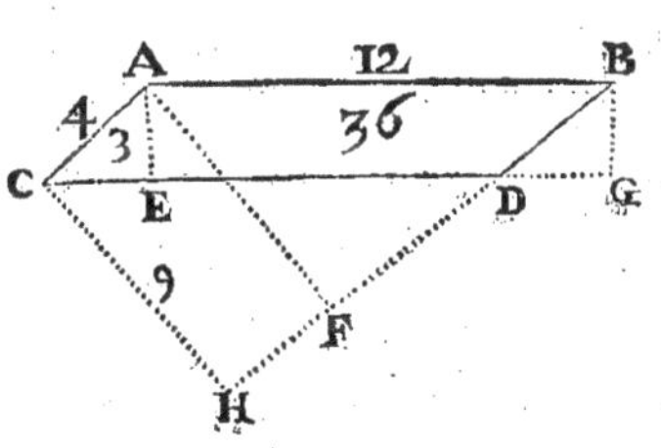

angles comme du point A, j'abaisse une perpendiculaire AE sur le côté opposé CD prolongé s'il en est besoin, & que la perpendiculaire soit par exemple de 3 to. & le côté CD sur lequel elle tombe soit de 12 to. Si je multiplie 3 par 12 j'auray 36 quarrés pour l'espace du Rhomboïde AD. La raison est que ce produit me donne par le Problême precedent le contenu du Rectangle AG, lequel est égal au Rhomboïde AD qui est sur même base AB, & entre mêmes paralleles. Ce seroit la même chose si la perpendiculaire du point A étoit menée sur le côté BD prolongé comme en F, ou du point C sur la même BD continuée en H; car si la longueur AF ou CH étoit par exemple de 9 to. & celle de DB ou AC de 4 to, ; multipliant 4 par 9, nous aurons toûjours les mêmes 36 to. quarrées pour le Parallelogramme oblique AD.

Nous ne faisons point de regle particuliere pour les Rhombes, parce que ce ne sont que des Rhomboïdes dont les côtés sont égaux, qui peuvent par consequent être mesurés par ce Problême, ainsi que les quarrés le peuvent être par le premier.

III. PROBLEME.

Mesurer l'aire d'un triangle rectangle.

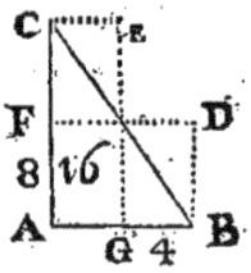

Multipliés les côtés du Triangle qui contiennent l'angle droit, l'un par la moitié de l'autre, & leur produit sera la capacité du triangle proposé. Soit le Triangle proposé C A B dont l'angle A est droit, le côté A C soit de 8 to. & A B de 4 to. Il ne faut que multiplier A C 8 to. par la moitié de A B 2 to.; ou bien A B de 4 to. par la moitié de A C de 4 to.; afin d'avoir 16 toises quarrées pour l'aire du triangle C A B: car 8 par 2 fait 16, aussi bien que 4 par 4. La raison est que cette multiplication nous donne l'aire du rectangle A E ou A D, qui sont chacun égal au triangle C A B. La même chose arrivera si aprés avoir multiplié un des côtés par l'autre, l'on prend la moitié du produit; car le produit de 8 par 4 est 32, dont la moitié est encore 16 pour la capacité du triangle proposé.

IV. PROBLEME.

Mesurer un triangle oblique.

Multipliés la perpendiculaire tirée d'un des angles sur le côté opposé par la moitié du même côté: ou la moitié de la perpendiculaire par la longueur du côté ; & le produit ſera l'aire du triangle propoſé ; laquelle ſe trouvera encore en prenant la moitié du produit de la perpendiculaire & du côté oppoſé multipliés l'un par l'autre. Du triangle ABC propoſé meſurés un des côtés comme AC, qui ſoit par ex, de 16 to. ; puis marchez au long de ce côté continué même s'il en eſt beſoin juſqu'à ce que vous trouviés le point D, ſur lequel tombe la ligne BD tirée de l'angle B perpendiculaire à la ligne CA, & meſurés cette ligne BD, qui ſoit comme de $7 \frac{1}{4}$ toiſes. Enfin multipliez $7 \frac{1}{4}$ de la ligne BD, par 8 moitié du côté AC ; ou bien multipliés la toute AC de 16 to. par la moitié de BD de $3 \frac{5}{8}$ to., pour avoir 58 toiſes quarrées pour l'aire du triangle ABC. Vous aurez la même quantité en prenant la moitié de 116 toiſes produites par la multiplication du côté AC 16 toiſes par toute la perpendiculaire BD $7 \frac{1}{4}$ to.

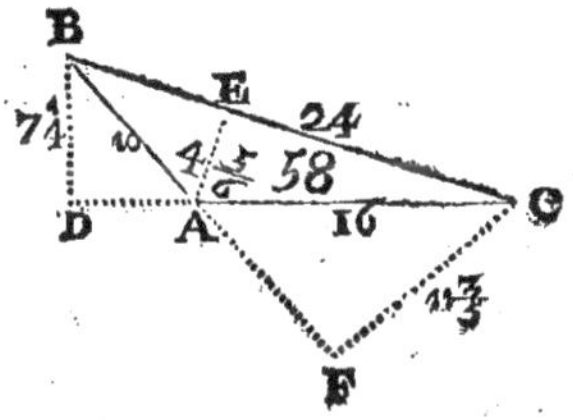

Si au lieu de meſurer le côté AC, vous aviez pris le côté BC qui fût comme de 24 to. & la perpendiculaire AE tirée de l'angle oppoſé A ſur le même côté BC comme de $4 \frac{5}{6}$ to. ; il faudroit multiplier 24 par la moitié de $4 \frac{5}{6}$ c'eſt à dire par $2 \frac{5}{12}$; ou bien les $4 \frac{5}{6}$ par la moitié de 24.

C'eſt

C'eſt à dire par 12, & vous aurez encore 58 to. pour l'aire de vôtre triangle; leſquelles font encore la moitié de 116 to. qui viennent de la multiplication de 24 par 4 $\frac{5}{6}$.

Enfin vous auriés pû meſurer le côté A B comme de 10 to., & la perpendiculaire C F menée de l'angle opposé C ſur le même côté prolongé de 11 $\frac{3}{5}$ to., puis multiplier les 11 $\frac{3}{5}$ par 5 qui eſt la moitié de 10 : ou bien les 10 par 5 $\frac{4}{5}$ qui ſont la moitié de 11 $\frac{3}{5}$: Et vous auriés toûjours eu le même nombre de 58 toiſes quarrées pour l'aire du triangle A B C : qui eſt encore la moitié de 116 toiſes produites par la multiplication de 10 par 11 $\frac{3}{5}$.

V. PROBLEME.

Autrement.

Meſurés les trois côtés du triangle, puis ayant multiplié la ſomme de deux quelconques de ces côtés par leur difference & diviſé le produit par le troiſiéme côté, prenés la difference de ce même côté & du quotient de la diviſion, & ôtés le quarré de la moitié de cette difference du quarré du plus petit des côtés que vous avés pris au commencement : la racine quarrée du reſte ſera la longueur de la perpendiculaire, qui partant de l'angle fait par les deux côtés premierement pris, tombe ſur le troiſiéme côté ; & partant ſi vous multipliés la moitié de cette perpendiculaire par ce troiſiéme côté ; ou la moitié de ce troiſiéme côté par cette perpendiculaire ; le produit vous donnera l'aire de vôtre triangle ; Que vous pourrés encore avoir en prenant la moitié du produit de tout le côté par la perpendiculaire.

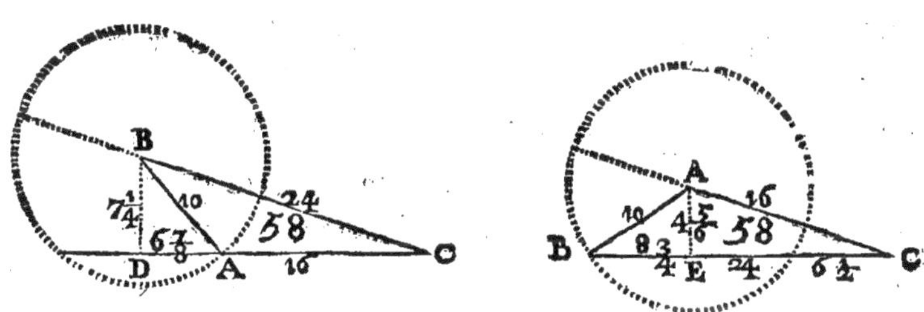

Le côté AB du triangle ABC ſoit de 10 toiſes, AC de 16 toiſes & BC de 24 to. La ſomme de deux de ces côtés comme AB & BC eſt 34, & leur difference eſt 14 que je multiplie enſemble pour avoir 476 pour leur produit, qu'il faut diviſer par le troiſiéme côté AC 16, afin d'avoir au quotient 29 $\frac{3}{4}$; la difference de ce quotient & du même côté AC 16 eſt 13 $\frac{3}{4}$ dont la moitié 6 $\frac{7}{8}$ multipliée par elle même fait 47 $\frac{17}{64}$, qu'il faut ôter du quarré du côté AB, qui eſt le moindre des deux premierement pris, c'eſt à dire de 100, & du reſte 52 $\frac{47}{64}$ il faut prendre la racine quarrée 7 $\frac{1}{4}$ qui nous donnera la hauteur de la ligne BD, qui tombe de l'angle B fait des deux

A B & B C premierement prises à angles droits sur sur le troisiéme côté A C. Et partant si nous faisons comme au Problême precedent, c'est à dire si nous multiplions le côté A C 16 par la moitié de D B 3 $\frac{5}{8}$, ou la toute D B 7 $\frac{1}{4}$ par la moitié de A C 8 : nous aurons toûjours 58 to. quarrées par l'aire du triangle A B C : laquelle provient encore en prenant la la moitié de 116 qui est fait par la multiplication de la perperdiculaire D B 7 $\frac{1}{4}$ par tout le côté A C 16.

Si nous avions pris au lieu des deux côtés A B & B C, deux autres A B de 10 to. & A C 16, dont la somme est 26, & la difference 6, qui multipliés l'un par l'autre font 156, qu'il faut diviser par le troisiéme côté B C 24, afin d'avoir 6 $\frac{1}{2}$ au quotient, dont la difference & du même côté B C 24 est 17 $\frac{1}{2}$ & sa moitié 8 $\frac{3}{4}$, le quarré de laquelle 76 $\frac{9}{16}$ étant ôté du quarré de A B 10, qui est le moindre des deux A B & A C premierement pris, c'est à dire de 100, laisse 23 $\frac{7}{16}$ dont la racine quarrée 4 $\frac{5}{6}$ nous donne la hauteur A E, qui vient de l'angle A fait par les deux côtés premierement pris, perpendiculairement sur le troisiéme côté B C : & partant multipliant cette perpendiculaire 4 $\frac{5}{6}$ par la moitié de B C 12 ; ou bien le côté B C 24 par la moitié de la perpendiculaire 2 $\frac{5}{12}$; ou bien enfin multipliant le côté B C 24 par la perpendiculaire 4 $\frac{5}{6}$ & prenant la moitié du produit 116 ; Nous aurons par tout la même quantité de 58 toises quarrées pour la mesure de l'aire du triangle A B C.

VI. PROBLÊME.

Encore autrement.

Mesurés les trois côtés du triangle ; & les ayant adjoutés en une somme, prenés en la moitié, de laquelle ôtés chaque côté l'un aprés l'autre ; puis ayant multiplié les trois restes l'un par l'autre, c'est à dire deux ensemble, & leur produit par le troisiéme ; multipliés encore ce produit par la moitié de la somme des côtés ; & tirés la racine quarrée de ce dernier produit : Elle sera la capacité de l'aire du triangle proposé.

Le côté A B du triangle ABC, soit de 10 toises, A C de 16, & B C de 24 : la somme des trois est 50, & sa moitié 25 ; d'où ayant ôté les trois côtés l'un aprés l'autre, vous aurés trois restes 15, 9, & 1, qu'il faut multiplier l'un par l'autre. C'est à dire 15 par 9, & leur produit 285 par 1, & le produit qui est encore 285 doit être multiplié par 25 moitié de la somme des côtés ; Et du dernier produit 3375, la racine quarrée 58 nous donnera la mesure des toises quarrées contenuës dans la surface du triangle A B C.

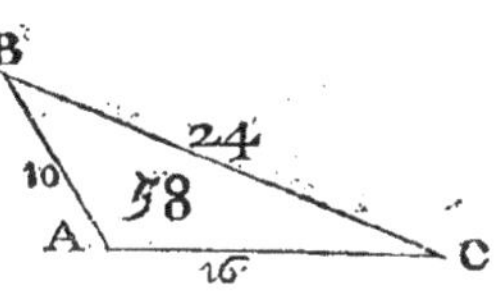

Tout de même si dans le Triangle D E F le côté DE est de 8 pieds, D F 22 & E F 18 ; les trois enſemble font 48, dont la moitié eſt 24, d'où ayant ôté l'un aprés l'autre les trois côtés 8, 22 & 18 il reſte les trois nombres 16, 2 & 6, qu'il faut multiplier enſemble, c'eſt à dire 16 par 2, & leur produit 32 par 6, & le produit de ces deux nombres 192 par 24 moitié de la ſomme des côtés, afin d'avoir 4608: Dont la racine quarrée eſt un peu moins de 67 $\frac{8}{9}$ pieds quarrés, qui nous marquent l'aire du triangle DEF.

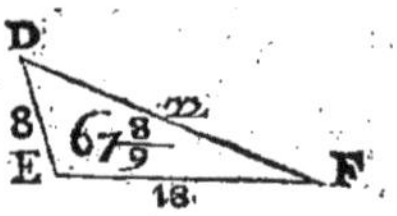

VII. PROBLEME.

Meſurer un Trapeſe.

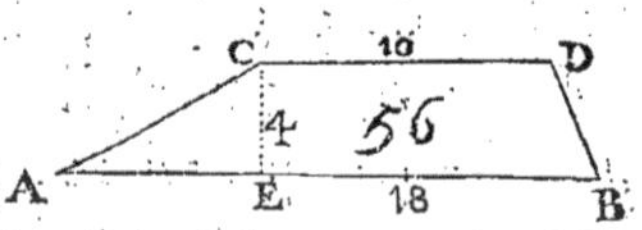

Si le Trapeſe à deux de ſes côtés parallels, il faut en adjouter les longueurs, & multiplier la la moitié de leur ſomme par la hauteur de la perpendiculaire menée de l'un à l'autre de ces côtés; ou bien multiplier la ſomme par la moitié de la perpendiculaire: Et le produit ſera la capacité de l'aire du Trapeſe. Comme ſi les deux côtés AB de 18 to. & CD de 10 to. du Trapeze ABCD ſont parallels, ſur leſquels tombe la perpendiculaire CE de 4 to; la ſomme des deux côtés parallels eſt 28, qui étant multipliée par la moitié de la perpendiculaire 2; ou la moitié de la somme 14 par la perpendiculaire 4. Le produit sera toûjours 56 to. quarrées, égal à la capacité de l'aire du Trapese proposé. Le même arriveroit si multipliant la somme des côtés 28 par la perpendiculaire 4, l'on prenoit la moitié du produit 112.

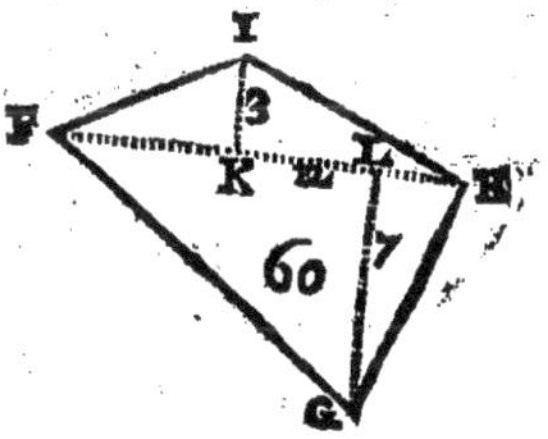

Si le Trapese n'a pas un de ses côtés parallele à l'autre, il faut tirer une diagonale d'un des angles à son opposé, sur laquelle il faut mener des perpendiculaires de chacun des autres angles & multiplier la somme des deux perpendiculaires par la moitié de la diagonale ; ou la diagonale par la moitié de la somme des perpendiculaires ; ou enfin multiplier la diagonale par la somme des perpendiculaires & prendre la moitié du produit ; Car en toutes les manieres il se fera un nombre égal à la capacité du Trapese proposé. Comme si au Trapese F G H I, l'on mene une diagonale F H, comme de 12 toises sur laquelle tombe de l'angle I la perpendiculaire I K de 3 toises, & G L de 7 to. de l'angle G ; si vous multipliés la somme des deux perpendiculaires qui est 10, par 6 moitié de la diagonale ; ou la diagonale 12 par 5 moitié de la somme des perpendiculaires ; Vous aurés 60 pour l'aire de vôtre Trapese ; que vous trouverés encore en prenant la moitié de 120 produit de la multiplication de la diagonale 12 par la somme des perpendiculaires 10.

VIII. PROBLEME.

Mesurer un Polygone regulier.

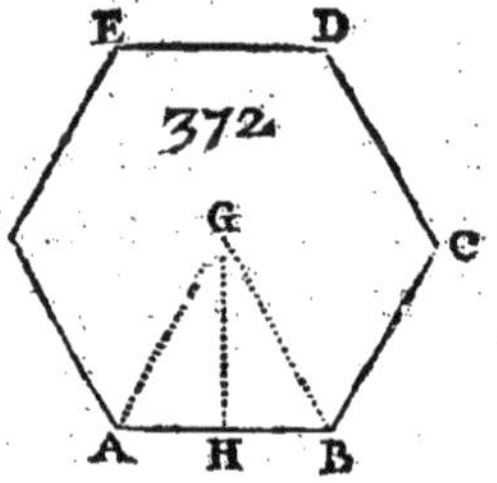

¶ Un Polygone ou figure reguliere est, ainsi que nous l'avons dit, celle dont les côtés & les angles sont égaux. Pour en avoir la surface il faut multiplier la somme du contour du Polygone par la moitié de la perpendiculaire qui tombe du centre sur l'un des côtés ; ou la perpendiculaire par la moitié du même contour ; Car le produit sera égal à la surface que l'on demande. Le contour d'un Polygone se trouve en multipliant le nombre de ses côtés par la longueur de l'un d'entr'eux. Comme dans l'hexagone ABCDEF, dont chaque côté est de 12 to. Si vous multipliés le nombre des côtés 6 par 12, vous aurés 72 to. pour le contour, qui étant multipliées par 5 $\frac{1}{6}$ qui est la moitié de la ligne GH, qui tombe du centre G à plomb sur un des côtés AB, vous donneront 372 toises quarrées pour l'aire de vôtre hexagone : Vous auriés la même chose en multipliant la toute GH 10 $\frac{1}{3}$

par 36 moitié du contour ; ou bien en multipliant GH 10 $\frac{1}{3}$ par tout le contour 72 & prenant la moitié du produit 744.

Au reste si l'on conoît un des côtés du polygone, le reste peut être facilement conû en cette sorte par le moyen du triangle AGB. Divisés 360 par le nombre des côtés, & le Quotient vous donnera l'angle du centre AGB, dont la moitié AGH étant ôtée de 90 deg., le reste sera l'angle GAH ; & comme l'angle H est droit ; tous les angles & le côté AH seront connus dans le triangle GAH ; par le moyen desquels nous conoitrons la perpẽdiculaire GH. Cõme au Dodecagone, si le côté AB est de 30 to., AH sera de 15. to., & divisant 360 par le nombre des côtés qui est 12 ; le quotient donnera 30 deg. : pour l'angle AGB, dont la moitié 15 deg. est pour l'angle AGH, qui ôtés de 90 degrés laissent 75 degrés pour GAH, & partant tout étant conu dans le triangle AGH, nous pourrons faire cette regle de trois.

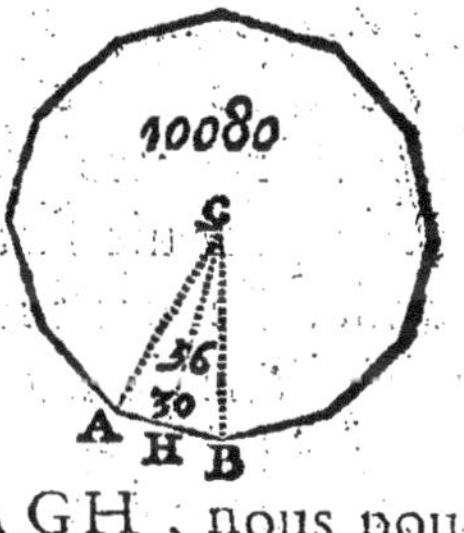

Sin. AGH 15 d. — *Sin.* GAH 75 d. ‖ AH — GH.

25882 — 96593 ‖ 15 *to.* — 56 *to.*

Qui nous donnera 56 to. pour la perpendiculaire GH. Et si nous multiplions les 30 to. du côté AB par 12 ; nous aurons 360 pour le contour

tour du dodecagone, qui étant multiplié par 28 moitié de G H, donneront 10080 toises quarrées pour l'aire de cette figure. Le même nombre se fait par la multiplication de 180 moitié du contour du polygone, par la perpendiculaire G H 56; ou bien en prenant la moitié de 20160 produit de la multiplication du contour entier 360 par la perpendiculaire 56.

IX. PROBLEME.

Mesurer toute figure rectiligne.

Toute figure rectiligne se resout facilement en triangles ou en trapeses, en tirant des lignes d'un angle aux autres opposés; & les triangles & trapeses êtants mesurés l'un aprés l'autre; Leur somme donnera la capacité de la figure proposée. Comme si dans le multilatere ou figure de plusieurs côtés A B C D E F, l'on tire d'un angle comme C aux angles opposés A, F, E, des droites C A, C F, C E; Elles feront deux trapeses A B C F, C F E D, dont il faut mesurer les diagonales C A comme de 16 to. & C E comme de 18 toises, & des points B & F, tirer des perpendiculaires sur C A, comme

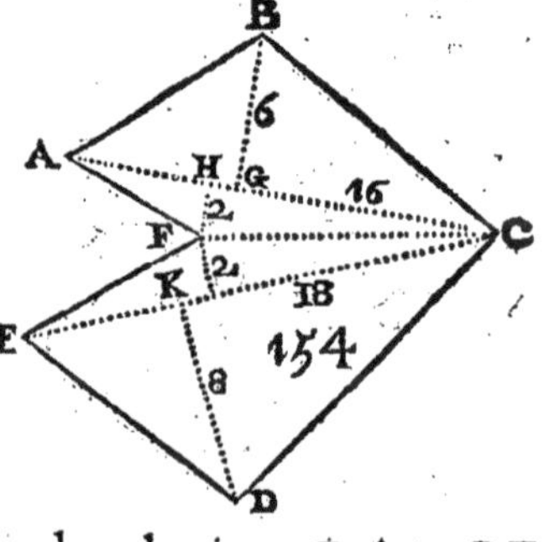

BG de 6 to. & FH de 2 to.; Et d'autres ſur CE des points D & F, comme DK de 8 to. & FI de 2 to.; Par le moyen deſquelles nous aurons la capacité de la figure. Car en multipliant la moitié de la ligne AC 8 par la ſomme des perpendiculaires BG & FH, c'eſt à dire par 8; ou la moitié de la ſomme des perpendiculaires 4, par la toute AC 16; Nous aurons 64 to. quarrées pour le Trapeſe ABCF. Et multipliant la moitié de la diagonale EC 9 par la ſomme des perpendiculaires DK, FI 10; Ou la moitié de la ſomme des perpendiculaires 5 par la toute EC 18; Nous aurons 90 to. quarrées pour le Trapeſe CFED. Et joignant les deux ſommes 64 & 90; Nous trouverons 154 to. quarrées pour l'aire de la figure propoſée ABC DEF.

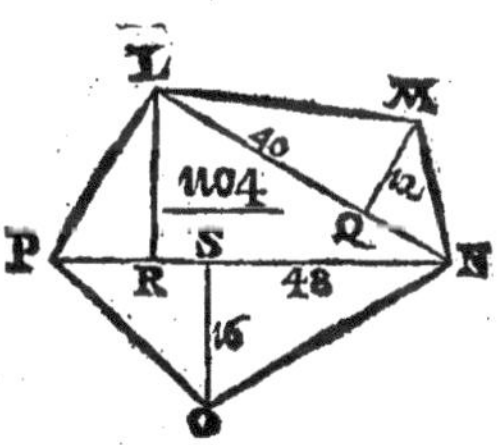

Tout de même dans le Rectiligne LMNOP, tirés d'un de ſes angles comme N aux angles oppoſés les droites NL, NP, & menés des points O & L les perpendiculaires OS, LR à la diagonale NP, & du point M la droite MQ perpendiculaire à NL; puis ayant meſuré les diagonales & les perpendiculaires en ſorte que NL ſoit par ex. de 40 to, NP de 48, OS de 16, LR de 20, & MQ de 12 to. Multipliés la diagonale NP 48 par 18 moitié de la ſomme des perpendiculaires L R & O S ; ou 36 somme des mêmes perpendiculaires par 24 moitié de N P ; Et vous aurés 864 to. quarrées pour l'aire du Trapese N L P O. En suitte multipliés la ligne N L 40 par 6 moitié de la perpendiculaire M Q ; ou M Q 12 par 20 moitie de N L, pour avoir 240 to. quarrées pour l'aire du triangle LMN. Et adjoutant les deux sommes 864 & 240 du Trapese & du Triangle qui composent le rectiligne proposé ; Vous aurés 1104 to. quarrées pour la capacité de sa surface.

X. PROBLEME.

Mesurer l'aire d'un Cercle.

Cette proposition ne se peut point resoudre Geometriquement, parce qu'elle suppose ce que l'on n'a point encore decouvert en Geometrie ; je veux dire la quadrature du Cercle, non plus que la proportion de sa circonference à la ligne droite. Mais comme Archimede en a trouvé une qui est si proche de la veritable, quoy qu'elle ne la soit pas precisement, qu'on s'en peut servir dans la pratique sans faire aucune erreur qui soit sensible : Nous suivrons l'exemple des autres Geometres qui s'en servent. Il a donc trouvé que la raison de la circonference d'un Cercle à son diametre étoit à peu prés comme de 22 à 7 ; c'est à dire que la circonference étoit ce qu'on appelle triple sesquiseptiéme du diametre. Et partant si nous multiplions la grandeur du diametre d'un Cercle donné par $3\frac{1}{7}$; Nous aurons une longueur tres proche de celle de la circonference : Cela posé. Pour avoir la surface d'un Cercle, il faut multiplier la moitié de sa circonference par le demidiametre ; ou toute la circonference par la moitié du demidiametre ; Et le produit sera l'aire du Cercle proposé. Comme si la ligne droite AC diametre du cercle ABCD est de 28 p. ; Je les multiplieray par $3\frac{1}{7}$ & j'auray 88 p. pour le tour de la circonference, dont la moitié 44 multipliée par le demi-diametre AE 14 ; ou toute la circonference 88 par 7 moitié du demi-diametre AE ; Nous aurons 616 p. quarrés pour l'aire du Cercle proposé.

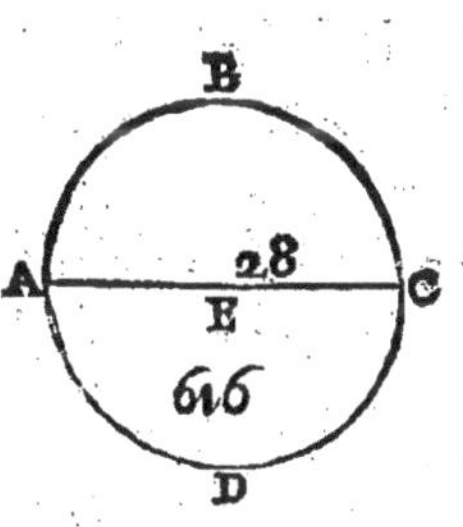

Voici encore une autre maniere de mesurer le cercle. Faites que comme 14 est à 11, ainsi le quarré du diametre du Cercle soit à un autre nombre ; Ce dernier vous donnera la capacité de l'aire que vous cherchés. Comme si 784 qui est le quarré du diametre 28 du Cercle ABCD est multiplié par 11, & le produit 8624 divisé par 14 : Vous aurés au quotient 616 p. quarrés pour l'aire du Cercle proposé.

La raison est que le Cercle suivant la demonstration d'Archimede est égal au triangle rectangle, dont la base est égale à la circonference du même Cercle, & la perpendiculaire égale au demidiametre; Et partant le quarré decrit à l'entour du Cercle, c'est à dire le quarré de son diametre, est au Cercle comme 14 est à 11.

XI. PROBLEME.

Mesurer une portion de Cercle.

Toute portion de Cercle est ou Secteur qui est contenu entre deux demi-diametres & un arc, ou Segment qui est compris d'un arc & de sa corde. Et comme il est demontré ailleurs que le Secteur est au Cercle, comme l'angle au centre du Secteur est à quatre droits ou 360 deg.; Ou comme l'arc du Secteur est à toute la circonference du Cercle. Partant si l'on conoît les demi-diametres & l'angle ou l'arc qu'ils contiennent, vous aurés facilement la capacité de la surface du Secteur; En faisant que comme 360 est à l'angle conû du Secteur, ainsi l'aire de tout le Cercle à un autre; Ou bien en faisant que comme toute la circonference est à l'arc du Secteur, ainsi l'aire du Cercle à un autre; Ce nombre trouvé sera l'aire du Secteur proposé. Comme si dans le Cercle ABCD, dont le diametre AC est de 28 p., & partant la circonference de 88 p., & l'aire de 616 pi. quarrés, l'angle au centre AEF du Secteur AEFH est de 45 d.; Il faut faire que comme quatre droits c'eſt à dire 360 degrés, ſont à 45 degrés, ainſi l'aire du cercle 616 ſoit à un autre; Il proviendra 77 pi. quarrés pour l'aire du Secteur propoſé. Que ſi au lieu de l'angle au centre, vous connoiſſés la longueur de l'arc AHF, par ex. de 11 p.; Il faut faire que comme la circonference entiere 88 eſt à l'arc AHF 11, Ainſi l'aire du Cercle 616 à un autre: Vous aurés encore le même nombre de 77 p. quarrés pour le contenu de la ſurface du Secteur propoſé AEFH.

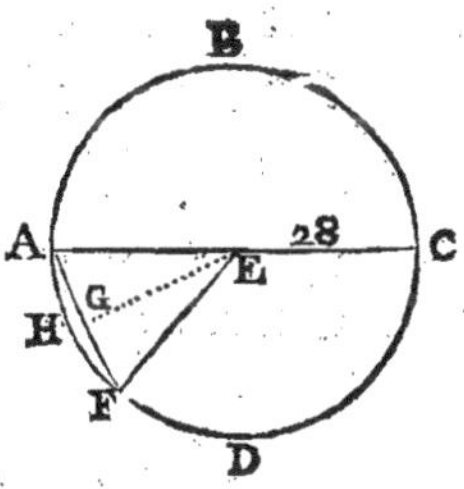

Vous aurés encore la même ſurface en multipliant l'arc conu de vôtre Secteur 11 par la moitié du rayon, c'eſt à dire par 7; Car le produit de ces deux nombres eſt 77 p. quarrés que contient l'aire du Secteur propoſé.

L'aire du Segment ſe conoît en ôtant de l'aire du Secteur, celle du triangle compris entre les deux demi-diametres & la corde de l'arc du Secteur; Car ce qui reſtera ſera la capacité de l'aire du Segment propoſé. Comme ſi vous ôtés l'aire du triangle AEF, de celle du Secteur AEFH; Vous aurés celle du ſegment AFH. L'aire du triangle ſe trouve facilement lors que l'on conoît la longueur de la corde du Segment, qui fait la baſe du triangle: Car en ôtant le quarré de ſa moitié de celui du demi-diametre du Cercle, il vous reste le quarré de la perpendiculaire qui tombe du sommet du triangle sur la base.

Mais si la longueur de la corde est inconuë, il faut remarquer que sa moitié est le Sinus droit de la moitié de l'angle du sommet du triangle, c'est à dire de la moitié de l'angle au centre du Secteur; & que la perpendiculaire qui tombe du même sommet sur la corde, est le Sinus droit de son complement; c'est à dire de l'angle sur la base du triangle, prenant le demi-diametre du Cercle pour Sinus total.

Et partant si l'on conoît la grandeur du rayon, & l'angle au centre du Secteur; ou la grandeur de l'arc; L'on aura facilement la conoissance du triangle en cette maniere. Otés l'angle au centre du Secteur de deux droits, c'est à dire de 180 degrés; La moitié du reste sera l'angle sur la base du triangle, par le moyen duquel vous conoîtrés & la corde & la perpendiculaire en faisant une regle de trois double. Comme si dans le triangle FAE, dont le côté AE est 14 p. & l'angle AEF 45 deg.; Si j'ôte 45 de 180; Il restera 135, dont la moitié 67. 30 fait l'angle FAE; & parce que la perpendiculaire EG, divise l'angle AEF en deux également à cause de l'égalité des lignes EA & EF, l'angle AEG sera de 22. 30. Et partant nous pourrons faire cette regle de trois double.

Sin. AEG 22. 30′ 38268. — Sin. AGE 90 d. 100000 — Sin. EAG 67. 30′ 92388 ‖ AG $5\frac{1}{4}$ p. — AE 14 p. — EG 13 p.

Qui nous fait voir que AG est à peu prés de $5\frac{1}{4}$ pieds ; & EG de 13 p. ; Lesquels multipliés l'un par l'autre donnent $64\frac{1}{4}$ p. quarrés pour l'aire du triangle AEF ; qui ètant ôtés de celle du Secteur AEFH, que nous avons trouvé cy-dessus de 77 p. quarrés ; Il restera $8\frac{3}{4}$ p. quarrés pour l'aire du Segment FAH.

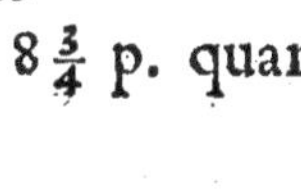

XII. PROBLEME.

Mesurer l'aire d'une Ellipse.

Faites un rectangle des deux axes de l'Ellipse, & trouvés un nombre qui soit à ce rectangle comme 11 est à 14. Et ce nombre vous donnera la capacité de la surface de l'Ellipse. Comme si le grand axe BD de l'Ellipse ABCD ètoit de 16 p., & le petit axe AE de 9 p., Multipliant 16 par 9, vous aurés 144 pour le rectangle des

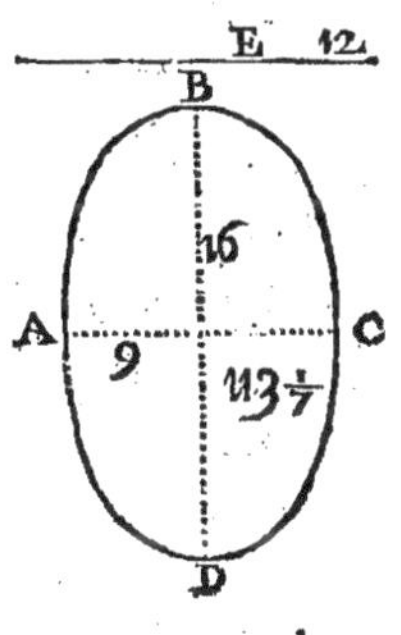

deux

deux axes; multipliés 144 par 11 & divisés le produit 1584 par 14, le quotient 113 $\frac{1}{7}$ est l'aire de l'ellipse proposée. Car toute l'ellipse, ainsi qu'il a êté demontré par Archimede, est égale au cercle dont le diametre comme E est moyen proportionel entre les deux axes, c'est à dire dont le quarré est égal au rectangle des axes, comme BD & AC.

XIII. PROBLEME.

Mesurer l'aire d'une Parabole.

L'aire d'une Parabole est sesquitierce de celle du plus grand triangle qui a même base & même hauteur que la Parabole. On trouve la hauteur d'une Parabole en tirant au dedans de la figure des lignes paralleles à la base & les divisant en deux également. Car la droite passant par les points de leur division êtant continuée, sera le diametre de la Parabole, qui en determinera le sommet & la hauteur. Comme si dans la Parabole AIBKC, dont la base est AC, aprés avoir mené EF & IK paralleles à AC, & les avoir divisé en deux également en G & L, vous menés par ces points la ligne DGB; Elle sera le diametre de la Parabole dont le sommet sera B, d'où tirant BM

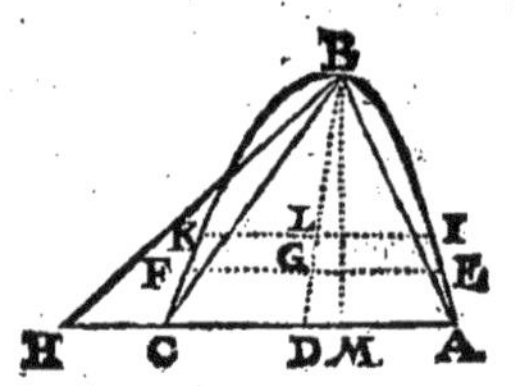

perpendiculaire à la base, cette ligne BM en sera la hauteur. Maintenant si du point B vous tirés les droites BA & BC, vous aurés un triangle ABC de même hauteur & sur même base que la parabole AIBKC, & la Parabole aura au triangle la raison de 4 à 3. C'est à dire qu'ayant continué la base AC vers H en sorte que CH soit égale au tiers de AC, & mené la droite BH; la Parabole AIBKC sera égale au triangle ABH. Et partant si vous multipliés la toute AH par la moitié de BM, ou la toute BM par la moitié de AH, vous aurés l'aire du triangle ABH & de la parabole proposée. Comme si la perpendiculaire BM est de 18 p, la base AC 21, la toute AH sera 28 p. & multipliant 28 par 9, ou 14 par 18; Nous aurons 252 p. quarrés pour l'aire du triangle ABH égale à l'aire de la parabole proposée AIBKC.

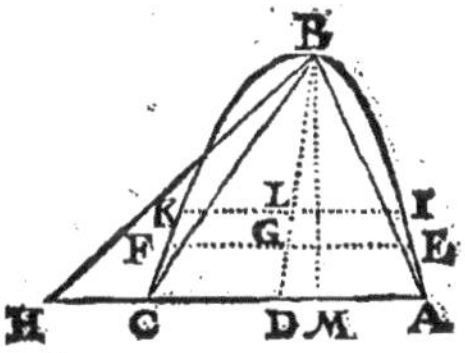

APPENDICE.

DES SURFACES COURBES.

I. PROBLEME.

Mesurer la Surface convexe d'un Cylindre.

LA Surface convexe d'un Cylindre sans bases est égale au rectangle fait sous le côté du Cylindre & la circonference de sa base. Soit le Cylindre A B D C, dont les bases opposées sont les cercles A E B F, C G D H ; & le diametre A B soit de 14 p. le côté A C de 20 p. Multipliés le diametre A B 14 par $3\frac{1}{7}$ pour avoir 44 pour la circonference de la base, que vous multiplierés par le côté A C 20. Et vous aurés 880 p. quarrées pour la surface convexe du Cylindre proposé, non compris les bases.

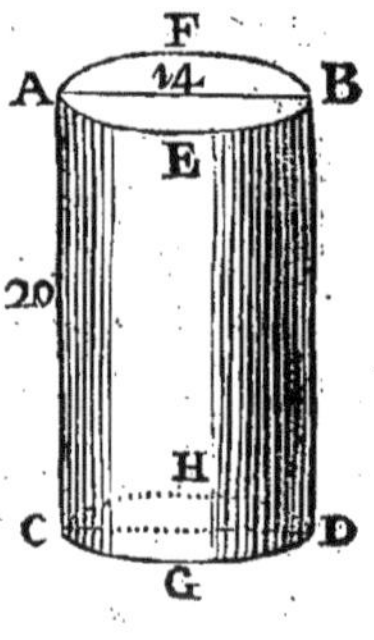

II. PROBLEME.

Mesurer la Surface convexe d'un Cone.

La Surface convexe d'un Cone droit sans sa base est égale au rectangle fait du côté du Cone

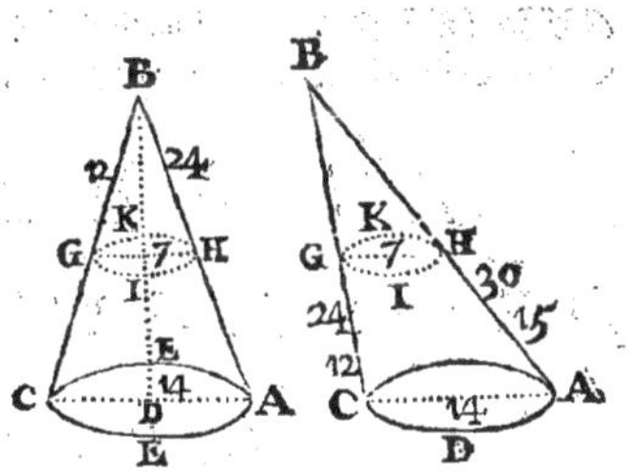

& de la moitié de la circonference de la base. Le Cercle A E C F, dont le diametre A C est de 14 p. soit la base du Cone droit A B C, dont le côté A B est de 24 p. Multipliés le diametre A C 14 par $3 \frac{1}{7}$ pour avoir 44 pour la circonference A E C F, dont la moitié 22 multipliée par le côté A B 24, donne 528 p. quarrés pour la Surface convexe du Cone A B C, non compris sa base.

La Surface convexe d'un Cone oblique sans sa base est égale au rectangle, fait de la moitié de la somme du plus grand & du plus petit côté, & de la moitié de la circonference de la base. Le Cercle A D C E, dont le diametre A C est de 14 p. & partant la circonference 44 soit la base du triangle oblique A B C, dont le plus grand côté A B soit 30 p. & le plus petit C B 24; leur somme est 54, & la moitié 27, qu'il faut multiplier par 22 moitié de la circonference de la base, afin d'avoir 594 p. quarrés pour la Surface convexe du Cone oblique A B C, non compris sa base.

III. PROBLEME.

Mesurer la Surface d'un morceau de Cone.

Si vous coupés un Cone droit par un plan parallele à sa base, la surface convexe sans bases du morceau de ce Cone, est égale au rectangle fait sous le côté du morceau, & la moitié de la somme des Circonferences de ses bases. Si le Cone droit A B C, dans la figure ci-devant, est coupé par le plan GIHK parallele à sa base A E C F; la surface convexe du morceau AGHB sans les bases, est égale au rectangle fait sous le côté A G & la moitié des deux circonferences A E C F & GIHK. Comme si le côté A G est 12 p. le diametre AC 14 p. & le diametre GH 7 p.; la circonference A E C F sera de 44 p. & G I H K de 22, dont la somme est 66 & la moitié 33; laquelle multipliée par A G 12 fait 396 p. quarrés pour la surface convexe du morceau sans ses bases du Cone droit A G H C.

Si le Cone est oblique la Surface de son morceau est égale au rectangle fait de la moitié de la somme du plus grand & du moindre côté, & de la moitié de la somme des Circonferences des bases. Comme si le plus grand côté A H du morceau du Cone oblique A H G C est de 15 p. & le plus petit C G de 12 p. leur somme est 27 & sa moitié 13 $\frac{1}{2}$; Que le diametre de la grande base A C soit 14 p. & celui de la petite H G de 7 ; La Circonference de la grande base sera 44, & celle de la petite 22 ; leur somme sera 66 & sa moitié 33, multipliée par 13 $\frac{1}{2}$ donne 445 $\frac{1}{2}$ p. quarrés pour la surface convexe du morceau du Cone oblique A H G C, non compris ses bases.

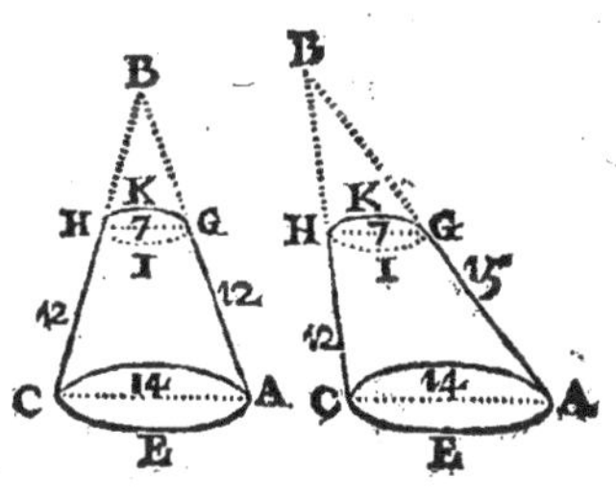

IV. PROBLE'ME.

Mesurer la Surface convexe d'une Sphere.

La Surface de la Sphere est égale au rectangle fait du diametre & de la circonference du plus grand Cercle de la Sphere ; Ou au quarré du diametre multiplié par 3 $\frac{1}{7}$. Le plus grand cercle de la Sphere soit A B C D, dont le diametre A B est 14 pieds, qui multipliés par 3 $\frac{1}{7}$ font 44 pour la circonference ; qu'il faut encore multiplier par le même diametre 14, afin d'avoir 616 p. quarrés pour la Surface convexe de la Sphere proposée A C B D. Vous aurés le même nombre 616, si vous multipliés 196 quarré du diametre 14 par 3 $\frac{1}{7}$.

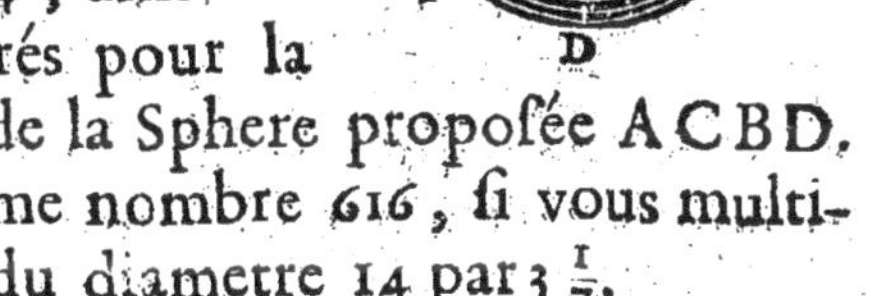

V. PROBLEME.

Meſurer la Surface convexe d'une portion de Sphere.

La Surface convexe d'une portion de Sphere ſans baſe eſt égale au rectangle fait du diametre de la Sphere & de la hauteur de la portion, multipliés par $3\frac{1}{7}$. La hauteur CH, de la portion de la Sphere FCG ſoit de 4 p. & le diametre CD 14. La ſurface convexe de la portion FCG ſans baſe eſt égale au rectangle des lignes CD, CH multiplié par $3\frac{1}{7}$. Celle de la portion oppoſée FDG égale au rectangle des lignes CD, DH multipliés par $3\frac{1}{7}$. En ſorte que multipliant CD 14 par 4 & leur produit 56 par $3\frac{1}{7}$; Nous aurons 176 p. quarrés pour la Surface de la portion FCG ſans ſa baſe ; Et multipliant CD 14 par DH 10, & le produit 140 par $3\frac{1}{7}$; Nous aurons 440 pour celle de la portion oppoſée FDG auſſi ſans baſe.

LA GEOMETRIE DES CORPS OU SOLIDES.

LEs grandeurs Solides, ainsi que nous avons dit, sont mesurées par des grandeurs Solides, dont la plus simple est le Cube, qui a les côtés, les angles, & les plans qui le composent, égaux. Et comme nous nous sommes servis de Quarrés, qui se font par la multiplication du Côté par soy-même, pour la mesure des Surfaces; Ainsi en la mesure des Solides, nous employerons des Cubes qui se font en multipliant les Quarrés par leur Côté; & nous dirons qu'un Solide contient tant de mesures, qu'il contiendra de Cubes, dont la racine est égale à cette mesure proposée : Comme nous dirons qu'il aura dix toises, s'il contient 10 cubes, dont le côté est d'une toise; & une Colonne aura 100 p. dans laquelle il y aura 100 cubes, dont le côté de côté de chacun est d'un pied.

I. PROBLEME

I. PROBLEME.

Mesurer la Solidité des Parallelepipedes, ou Prismes & des Cylindres.

Les Parallelepipedes ou Prismes, aussi bien que les Cylindres, sont contenus entre deux bases opposées, égales, semblables, semblablement posées & paralleles : Ils sont droits, si les côtés sont perpendiculaires aux bases, ou obliques. L'on trouve la solidité des droits en multipliant seulement la capacité de la base par la longueur d'un des côtés. Comme au Parallelepipede ou Cylindre droit ABCD, dont les bases opposées AEDG, BFCH sont égales, semblables, semblablement posées & paralleles ; & les côtés comme AB, CD sont aussi égaux & paralleles, & perpendiculaires aux bases ; si le côté AB est de 10 p. & l'aire de la base AEDG de 16 p. quarrés ; Il faut multiplier 16 par 10 pour avoir 160 p. cubiques pour la Solidité du Prisme ou Cylindre ABCD.

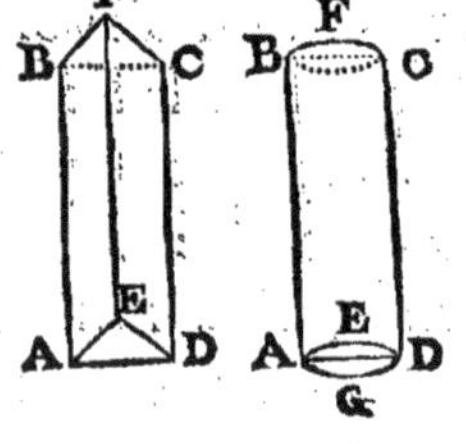

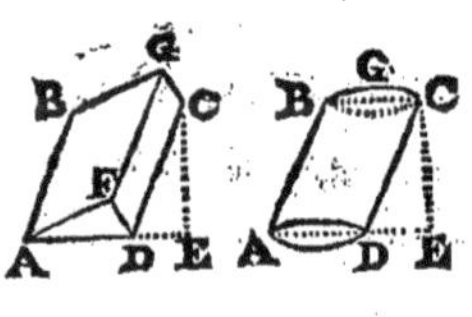

Je ne dis pas comme on peut conoître la longueur des côtés & l'aire des bases, parce que cela a été expliqué dans la Geometrie des Longueurs & des Surfaces.

Mais ſi le Priſme ou Cylindre eſt oblique, il faut d'une des baſes tirer une perpendiculaire ſur le plan de l'autre, dont la longueur multipliant l'aire d'une des baſes, donnera la ſolidité du Priſme ou du Cylindre propoſé. Comme ſi de l'extremité C de la baſe BGC ſur le plan de la baſe ADF continué s'il en eſt beſoin, l'on abaiſſe la perpendiculaire CE, dont la longueur ſoit par ex. de 8 p. l'aire de la baſe ADF de 16 p. quarrés : il faut multiplier 8 par 16, afin d'avoir 128 p. cubes pour la ſolidité du Parallelepipede ou Cylindre oblique propoſé ABCD. Je ne parle point non plus de la maniere de conoître la longueur de la perpendiculaire CE, l'angle de l'Inclination CDE étant donné & ſon côté AB, parce que cela a été ſufiſament enſeigné cy-deſſus.

II. PROBLEME.

Meſurer les Pyramides & les Cones.

L'on trouve la ſolidité des Pyramides & des Cones droits & obliques, en multipliant l'aire de leur baſe par le tiers de leur hauteur, c'eſt à dire par le tiers de la ligne qui tombe du sommet de la Pyramide ou du Cone à plomb sur le plan de la base.

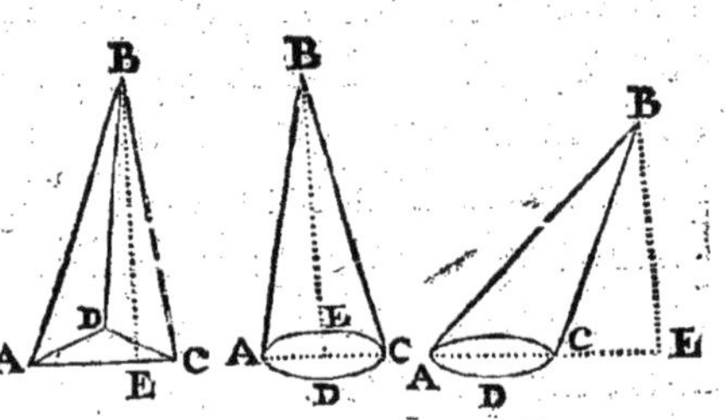

Si l'aire de la base ADC de la Pyramide ou du Cone droit ou oblique ADCB est multipliée par le tiers de la hauteur BE, le produit sera la solidité que l'on cherche. Comme si la base est de 16 p. quarrés & la hauteur DE de 12 p. dont le tiers est 4; Si je multiplie 16 par 4; J'auray 64 p. cubiques pour la solidité de la Pyramide ou du Cone proposé ADCB.

III. PROBLEME.

Mesurer les morceaux de Cone ou de Pyramide.

Il faut mesurer les surfaces des deux bases du morceau proposé & les multiplier l'une par l'autre, & ajouter la racine quarrée du produit à leur somme, & enfin multiplier le tout par le tiers de la hauteur du morceau, pour en avoir la solidité. Du morceau de Pyramide ou de Cone ADCFHG, la hauteur

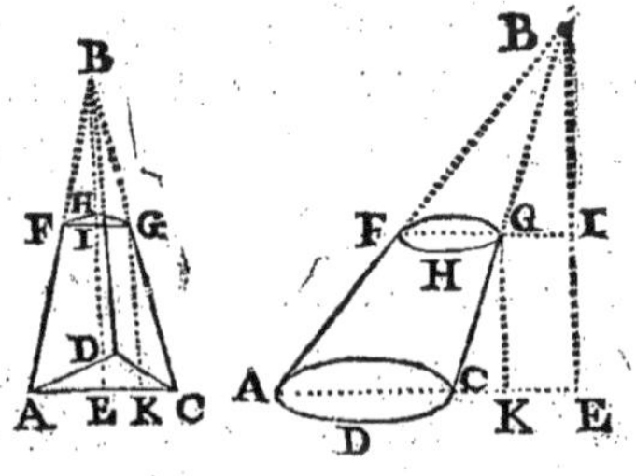

IE ou GK ſoit de 6 p., la baſe ADC 16 p. quarrés, & la baſe FGH 4 p.; Multipliés 16 par 4, & tirés la racine quarrée du produit 64 qui eſt 8, adjoutés-le à la ſomme des baſes 20, & multipliés le tout 28 par 2 qui eſt le tiers de la hauteur IE, & vous aurés 56 p. cubes pour la ſolidité du morceau propoſé.

IV. PROBLEME.

Meſurer les Cinq corps reguliers.

Les cinq Corps reguliers, ainſi que nous avons dit, ſont le Tetraëdre, l'Hexaëdre ou Cube, l'Octaëdre, le Dodecaëdre & l'Icoſaëdre, dont les deux qui ſont le Tetraëdre qui eſt une eſpece de Pyramide, & l'Hexaëdre qui eſt une eſpece de Priſme, ſont meſurés par le 1. & 2. Probleme. Vous aurés la Solidité des autres en les reſolvant en Pyramides : Car chaque Solide regulier contient autant de Pyramides qu'il a de baſes, dont la hauteur eſt celle qui tombe du centre du Solide à plomb ſur le plan d'une des baſes. Si donc vous multipliés la ſurface d'une des baſes par le nombre de ſes baſes, & le produit par le tiers de la hauteur de la perpendiculaire vous aurés la ſolidité. Comme ſi c'eſt un Octaëdre; Il faut multiplier l'aire d'un des triangles par 8 & le produit par le tiers de la perpendiculaire tirée du centre du Solide ſur le plan d'un des Triangles, & le produit de cette derniere multiplication est la mesure de sa solidité. Si c'est un Dodecaëdre; Il faut multiplier l'aire d'un des Pentagones par 12, & le produit par le tiers de la ligne qui tombe à plomb du centre sur le plan d'un des Pentagones. Tout de même si vous multipliés un des Triangles de l'Icosaëdre par 20, & le produit par le tiers de la perpendiculaire vous aurés par tout la solidite du corps regulier proposé.

V. PROBLEME.

Mesurer la Solidité d'une Sphere.

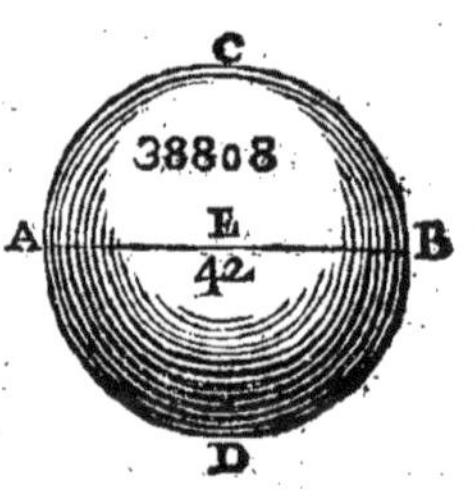

Multipliés le cube du diametre de la Sphere par 11, & divisés le produit par 21. Ou bien multipliés le quarré du diametre de la Sphere par $3\frac{1}{7}$ & le produit par le tiers du rayon. Ou bien prenés le tiers du Rectangle fait du diametre & de la Circonference du grand Cercle de la Sphere, & multipliés-le par le rayon. Vous aurés par tout la mesure de la solidité de la Sphere. Le diametre AB de la Sphere ADBC soit de 42 p., dont le Cube 74088, multiplié par 11, & le produit 814968 divisé par 21 donne 38808 p. Cubes pour la solidité de la Sphere proposée.

Vous aurés le même nombre si vous multipliés 1764 quarré du diametre AB 42 par $3\frac{1}{7}$, & le produit 5544 par le tiers du rayon AE c'est à dire par 7; car le produit sera toujours 38808 p. Cubes. Tout de même si le diametre AB 42 est multiplié par $3\frac{1}{7}$, & le produit 132, qui est égal à la Circonference ACBD du plus grand Cercle de la Sphere multiplié par AB 42, vous aurés 5544 pour le rectangle de la circonference & du diametre du grand Cercle de la Sphere, dont le tiers 1848, multiplié par le rayon AE 21, sera toûjours la même somme de 38808 p. cubes pour la solidité de la Sphere proposée.

Parce que suivant ce qui a èté demontré par Archimede, la Sphere est égale au Cone dont la base est égale à la surface convexe de la Sphere, & la hauteur égale au rayon; Et partant elle est double du Cone dont la base est le plus grand Cercle de la Sphere & la hauteur égale au diametre. D'où vient qu'un Cylindre circonscrit à la Sphere est sesquialtere de la Sphere; & le Cube du diametre est à la Sphere comme 21 à 11.

VI. PROBLEME.

Mesurer les portions d'une Sphere.

Si un Cone & une portion de Sphere, ayans même base, sont égaux; La hauteur du cone sera à celle de la portion, comme la ligne composée du rayon de la Sphere & de la hauteur de la portion opposée, est à la hauteur de la même portion opposée. Et partant la hauteur de la portion proposée doit être multipliée par la ligne composée de la hauteur de la portion opposée & du rayon, & le produit divisé par la même hauteur de la portion opposée, pour avoir dans le quotient la hauteur du Cone, qui étant fait sur la base de la portion proposée, est égal à cette portion. Comme si la Sphere ACBD, dont le diame- AB est de 42 p., est coupé par un plan CD, en sorte que la hauteur AF de la portion ACD soit de 35 p. & BF hauteur de la portion CBD de 7 p.; Si vous faites que comme AF est à la composée du rayon AE & de AF, ainsi FB est à une autre FH; ayant tiré CH & DH, vous aurés le Cone CHD sur la base dont le diametre est CD, qui sera égal à la portion proposée sur la même base CBD. Et si vous faites que comme BF est à la composée de BF & BE, ainsi AF est à une autre comme FG; ayant mené CG & DG, vous aurés le cone CGD sur la base dont CD est le diametre, lequel est égal à la portion CAD, faite sur la même base. Et pour expliquer le tout par nombres; Multipliés

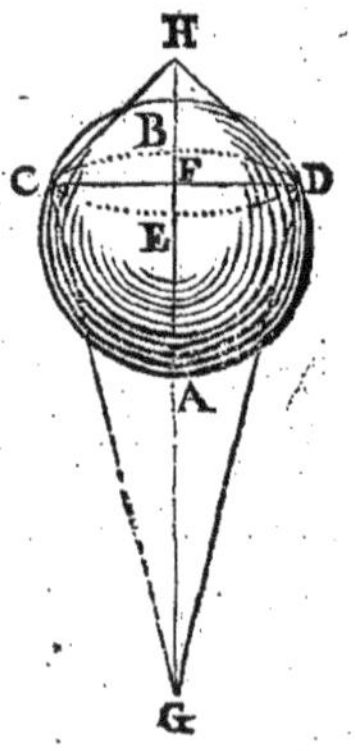

la composée de A E 21 & A F 35, c'est à dire 56 par F B 7, & le produit 392 étant divisé par A F 35, donnera au Quotient 11 $\frac{1}{5}$ pour la ligne F H hauteur du Cone C H D. Tout de même multipliés la composée de A E 21 & B F 7, c'est à dire 28 par A F 35; Et divisés le produit 980 par B F 7; vous aurés au Quotient 140 pour F G hauteur du Cone C G D. Et pour avoir la solidité des deux Cones, il faut mesurer leur base commune qui est le Cercle dont le diametre est C D. Et comme le rectangle A F B est égal au quarré de C F, c'est à dire au quart du quarré du diametre C D, qui est au Cercle dont C D est le diametre comme 14 est à 11: Si nous multiplions A F 35 par B F 7, nous aurons 235 pour le rectangle A F B, c'est à dire pour le quarré C F, dont le quadruple 980 est le quarré de C D, qui multiplié par 11, donne 10780, qu'il faut diviser par 14 afin d'avoir 770 p. quarrés pour l'aire du Cercle, dont le diametre est C D, & qui sert de base commune, tant aux portions de la Sphere C B D & C A D qu'aux cones CHD & CGD qui leur sont égaux; & partant si nous multiplions cette base 770 par 3 $\frac{11}{15}$ qui est le tiers de la hauteur F H 11 $\frac{1}{5}$; nous aurons 2874 $\frac{2}{3}$ p. cubes pour la solidité du Cone

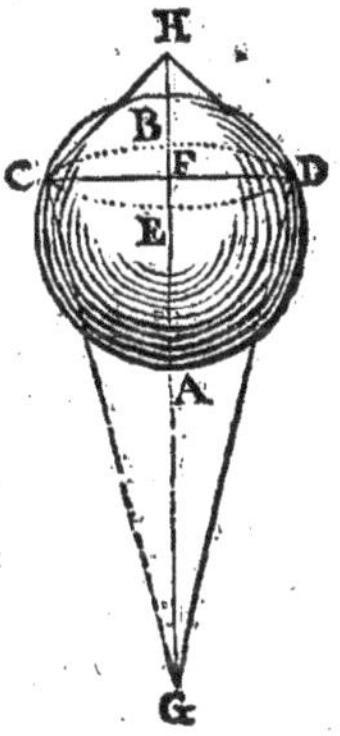

Cone CHD; c'est à dire pour celle de la portion de la Sphere C B D. Et si nous multiplions la même base 770 par 45 $\frac{2}{3}$ qui est le tiers de la hauteur F G 140; nous aurons 35933 $\frac{1}{3}$ p. cubes pour la solidité du Cone CGD, ou de la portion de la Sphere C A D; Et ces deux nombres adjoutés ensemble font la solidité entiere de la Sphere de 38898 p. cubes.

VII. PROBLEME.

Mesurer un Spheroide ou Elliptique.

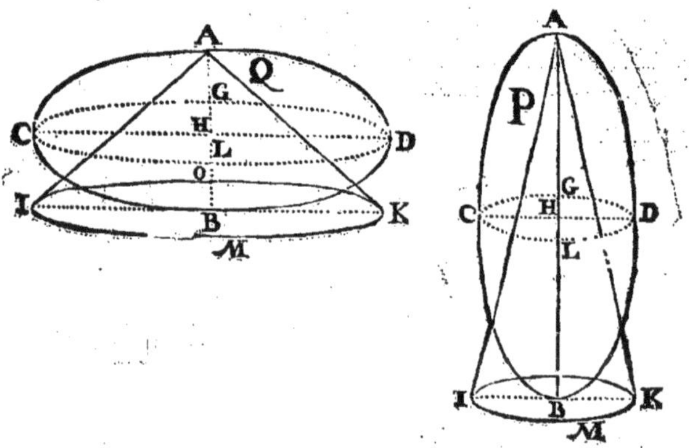

La Solidité d'un Conicoide Elliptique est double du Cone dont la base est égale au plus grand cercle de l'Elliptique, & la hauteur égale à l'axe de sa revolution. Soit le Conicoide Elliptique ACBD, ou plat & deprimé comme Q, ou oblong comme P : l'axe de leur revolution A B & le plus grand cercle C G D L , dont le diametre est l'autre axe C D ; Et le cercle I O K M égal à C G D L soit la base du Cone I A K dont la hauteur est A B : La solidité du Spheroïde sera double de celle du Cone , en sorte que si dans l'oblong P, l'axe C D est 14 p , la hauteur A B 33 p. ; Le Cercle C G D L où son égal I O K M sera 154 p. quarrés , qui multipliés par le tiers de

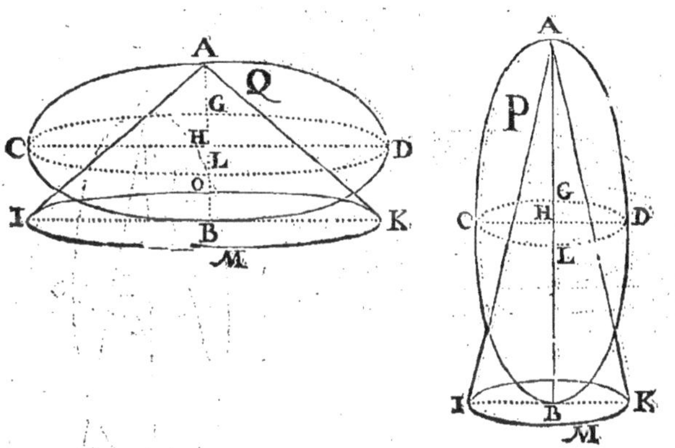

A B , c'est à dire par 11 donnera 1694 p. cubes pour le Cone I A K, dont le double 3388 p. cubes sera la solidité du Spheroide ou Conicoide Elliptique oblong P. Ainsi si le diametre C D du Spheroide plat Q est 33 , & la hauteur A B 14 , le Cercle C G D L ou son égal I O K M , base du Cone I A K , sera 855 $\frac{9}{14}$ p. quarrés , qui multipliés par 4 $\frac{2}{3}$ qui eſt le tiers de l'axe AB 14, donneront 3993 p. cubes pour le Cone IAK, dont le double 7986 p. cubes ſera la ſolidité du Spheroïde ou Conicoïde Elliptique plat ou deprimé Q.

VIII. PROBLEME.

Meſurer les portions d'une Elliptique.

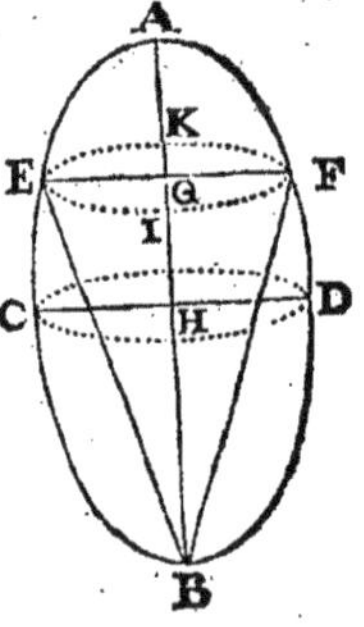

Toute portion d'Elliptique eſt au Cone de même baſe & de même hauteur, comme la compoſée de la moitié de l'axe de l'Elliptique, & de la hauteur de la portion oppoſée, eſt à cette même hauteur. Comme ſi l'Elliptique ACBD étoit coupée par un plan EGF droit à l'axe de la Revolution AB; la portion ECBDF eſt au Cone EBF ſur même baſe EIFK & même hauteur GB, comme la compoſée de la moitié de l'axe AH & de AG hauteur de la portion oppoſée EAF, à la même AG. Et la portion de l'Elliptique EAF eſt au Cone EAF, comme la compoſée de BH & BG eſt à BG. En ſorte que ſi l'axe de la revolution AB eſt de 28 p., & l'axe CD 14, BG 21, & AG 7. La ſolidité de l'Elliptique par le Probleme precedant ſera 2874 $\frac{2}{3}$ p. cubes. Et ſi vous faites que comme le quarré BH 196 eſt au quarré HC 49; ainſi le rectangle BGA 147 à un autre, vous aurés 36 $\frac{3}{4}$

pour le quarré E G, dont le quadruple 147 est le quarré de E F, qui multiplié par 11, & le produit 1617 divisé par 14, donnera 115 p. quarrés pour l'aire du Cercle E I F K: lesquels étant multipliés par 7, qui est le tiers de la hauteur B G, feront 808 $\frac{1}{2}$ pi. cubes, pour la solidité du Cone E B F: Et étans multipliés par 2 $\frac{1}{3}$, qui est le tiers de la hauteur A G, feront 269 $\frac{1}{2}$ p. cubes, pour celle du Cone E A F. Maintenant si vous faites que comme A G 7 est à la composée de A H 14 & A G 7, c'est à dire à 21; ainsi le Cone E B F 808 $\frac{1}{2}$ à un autre; Vous aurés 2425 $\frac{1}{2}$ p. cubes pour la solidité de la portion E C B D F. Et si vous faites que comme B G 21, est à la composée de B H 14 & B G 21, c'est à dire à 35; ainsi le Cone E A F 269 $\frac{1}{2}$ à un autre; Vous aurés 449 $\frac{1}{6}$ p. cubes pour la solidité de la portion E A F. Et ces deux portions font ensemble 2874 $\frac{2}{3}$ p. cubes pour la solidité du Spheroide proposé A C B D.

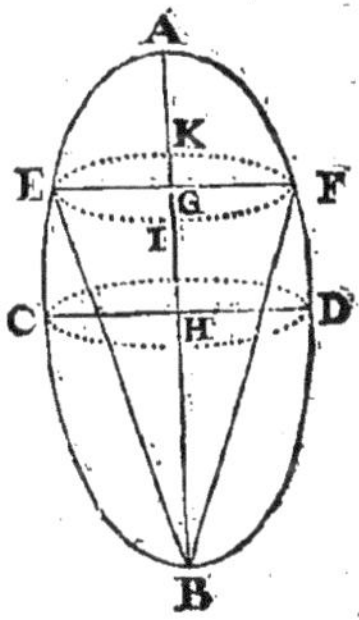

IX. PROBLEME.

Mesurer un Conicoïde Parabolique.

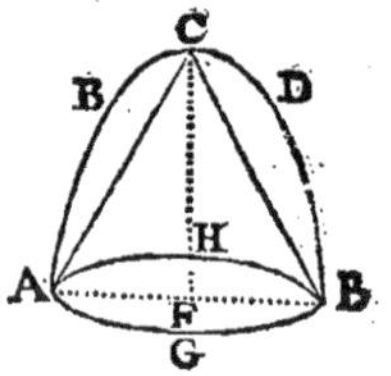

La solidité d'un Conicoïde Parabolique est sesquialtere de celle d'un Cone sur même base & même hauteur. C'est à dire que le Conicoïde ABCDE & le Cone ACE, ayant même base AGEH & même hauteur CF; la raison du Conicoïde au Cone sera comme 3 à 2. Ensorte que si le diametre AE est 14 p. & la hauteur CF 21 p., la solidité du Cone ACE sera de 1078 p. cubes, qui multipliés par 3, & le produit 3234 divisé par 2 donnent 1617 p. cubes pour la solidité du Conicoïde parabolique proposé ABCDE.

X. PROBLEME.

Mesurer un Conicoïde hyperbolique.

La solidité d'un Conicoïde hyperbolique est est à celle du Cone sous même base & même hauteur, comme la composée du triple de la moitié de l'axe transverse de l'hyperbole, & de la portion de l'axe entre le sommet & la base du Conicoïde, à la composée de l'axe transverse & de la même portion. C'est à dire que CK étant l'axe transverse de l'Hyperbole ACE (par la revolution de laquelle on a fait le Conicoïde hyperbolique ABCDE) ; I le centre, & CF portion de l'axe entre le sommet C & la base AGEH ; la raison du Conicoïde hyperbolique ABCDE, au Cone ACE, qui a même base AGEH, & même hauteur CF ; est comme la composée de la triple de IC & de CF, est à la ligne KF composée de l'axe tranverse CK & de la même portion CF. En sorte que si AE est de 42 p., FC 21, CK 8, & partant CI 4 ; la solidité du Cone AC sera 9702 p. cubes, qui multipliés par 33, qui est la somme des lignes CF 21 & de 12 triple de CI, & le produit 320166 divisé par 29 égal à la ligne FK ; nous aurons 11040 $\frac{6}{29}$ p. cubes pour la solidité du Conicoïde hyperbolique proposé ABCDE.

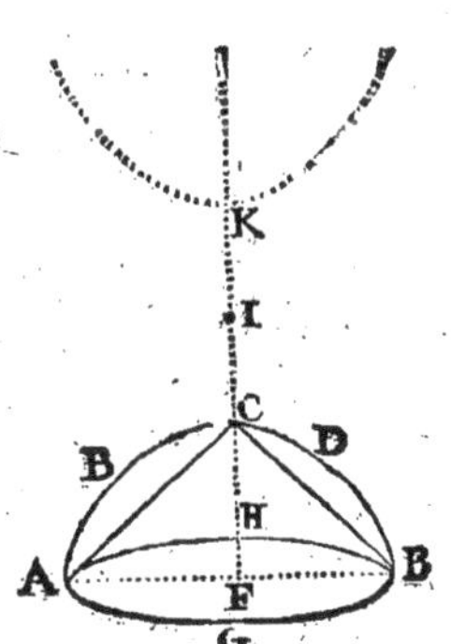

FIN.

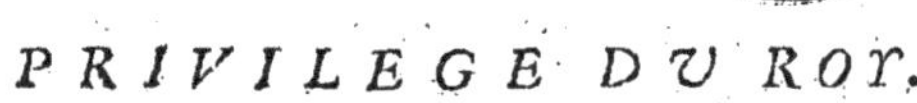

PRIVILEGE DU ROY.

LOÜIS PAR LA GRACE DE DIEU, Roy de France & de Navarre : A nos amez & feaux Conseillers les Gens tenans nos Cours de Parlement, Prevosts, Baillifs, Senechaux, leurs Lieutenans & tous nos autres Justiciers & Officiers qu'il appartiendra, SALUT: Nôtre cher & bien amé le sieur BLONDEL Maréchal de nos Camps & Armées, Maître pour enseigner les Mathematiques à nôtre tres cher & tres-amé fils LE DAUPHIN, ayant composé divers Ouvrages pour l'instruction de nôtredit Fils, SÇAVOIR: La Nouvelle Maniere de Fortifier les Places; l'Art de jetter les Bombes; *& un Cours de Mathematique composé de plusieurs Traités de Geometrie, d'Arithmetique, d'Optique de la Sphere, de Mechanique & autres*, Nous aurions eu lesdits Ouvrages tres agreables; Et voulant qu'ils soient donnés au public, & en même temps procurer audit sieur BLONDEL l'utilité qui peut revenir de l'Impression d'iceux. A CES CAUSES & autres à ce nous mouvant, de nôtre grace speciale, pleine puissance & autorité Royale, Nous avons audit sieur BLONDEL accordé & octroyé, accordons & octroyons par ces presentes signées de nôtre main, la faculté & privilege de faire imprimer vendre & debiter lesdits Ouvrages de l'Art de Fortifier les Places, l'Art de jetter les Bombes, *& ledit Cours de Mathematique*, pendant le temps & espace de vingt années, à commencer du jour qu'ils seront achevés d'imprimer pour la premiere fois: Pendant lequel temps Nous avons fait & faisons tres-expresses inhibitions & défenses à tous Imprimeurs & Libraires de nôtre Royaume, pays, Terres & Seigneuries de nôtre obeïssance, & à toutes personnes de quelque qualité & condition qu'elles puissent être, d'imprimer, faire imprimer, contrefaire ou imiter, vendre & debiter lesdits Ouvrages, sous pretexte d'augmentation, correction, changement ou autrement, sans le consentement par escrit dudit sieur BLONDEL ou de ceux qui auront droit de luy, à peine de six mil livres d'Amande, applicable un tiers à Nous, un tiers à l'hospital General de nôtre bonne Ville de Paris, & l'autre tiers audit sieur BLONDEL ou à ceux qui auront droit de luy, de confiscation des Ouvrages contrefaits & de tous despens domages & interests. SI VOUS MANDONS ET ORDONNONS que du contenu en ces presentes vous ayés à faire joüir & user ledit sieur BLONDEL, & ayant cause, pleinement & paisiblement, cessant & faisant cesser tous troubles & empêchemens. VOULONS qu'aux Coppies des presentes deüement collationnées par l'un de nos amez & feaux Conseillers Secretaires, foy soit ajoutée comme à l'original. COMMANDONS au premier nôtre Huissier ou Sergent sur ce requis, de faire pour l'execution des presentes tous Actes & exploits necessaires, sans pour ce demander autre permission, nonobstant clameur de Haro, Charte Normande, prise à partie & autres Lettres à ce contraires: CAR tel est nôtre plaisir. DONNE' à S. Germain en Laye le quinziéme jour du mois de Decembre, l'an de grace mil six cens quatre vingt un & de nôtre Regne le trente neuviéme. Signé LOUIS; Et plus bas, Par le Roy, COLBERT, & Sellé du grand sceau de cire jaune.

Et à côté est écrit. *Regiſtré* sur le Livre de la Communauté des Libraires & Imprimeurs de Paris, le 12 Janvier 1682. Suivant l'Arrest du Parlement du 8 Avril 1653. Et celui du Conseil privé du Roy du 27 Fevrier 1665. Signé ANGOT Sindic.

Acheué d'Imprimer pour la premiere fois, le dernier Ianvier 1683.

Fautes à Corriger.

Page	Ligne			
3	11	tre	*effacez*	
10	16 17	Innuës	*lisez*	Inconües
39	6	la Pologne,	*ajoutez*	partie de la Moſcovie
	7	du Turc,	*ajoutez*	du Moſcovite
45	18	égaux	*lisez.*	inégaux
	21	de premiers		des premiers
59	10	ont		ſont
62	12	obligement		obliquement
	28	une ſpace		un eſpace
63	17	Quadrilatures		Quadrilateres
82	13	·ntiete		·tiente
86	3	qnantitez		quantitez
88	15	12. 1 : 4. 2.		12.1 : 24. 2.
90	4	de figures		des figures
108	*Il manque au bout du diam. du Cercle de la 1. fig. la lettre* C.			
111	19	par de	*lisez*	par des
	20	ſolidess		ſolides
112	*Il manque au Centre de la fig. la lettre* D			
113	2	comme G A	*lisez*	comme G A B
	20	appelle		appellée
114	1	E N F S		C N F S
128	2	point E		point C
132	*dans la fig.*	D C B		D C E
132	4	l'angle D E C		l'angle D C E
136	6	Sin. C A B		Sin. C B A
	dans la fig.	O		C
137	6	E G & E F		E G & F H
	7	& F A B		& F H B
	10	prouvons		trouvons
140	15	D C - C B		D C - D B
	26	A B D		A D B
147	21	le triangle		les triangles
150	19	depuis B		depuis D
153	17	A C		A B
	19	C. prenez comment		B. prenez comme
157	17	point		points
179	16	quarrées		quarrés
181	10	A G B H		A G H C
184	derniere	coté de	*effacez*	
195	*dans la fig. menés les droittes*			A E A F
197	*dans la fig.*	A F B	*lisez*	A F E
198	*dans la fig.*	A F B		A F E

www.ingramcontent.com/pod-product-compliance
Ingram Content Group UK Ltd.
Pitfield, Milton Keynes, MK11 3LW, UK
UKHW031046260726
13965UKWH00006B/619